U0227353

肉用鹅 60天出栏养殖法

杨宝山　陈宗刚　编著

科学技术文献出版社
SCIENTIFIC AND TECHNICAL DOCUMENTATION PRESS
·北京·

图书在版编目(CIP)数据

肉用鹅60天出栏养殖法 / 杨宝山，陈宗刚编著. —北京：科学技术文献出版社，2013.5

ISBN 978-7-5023-7802-8

Ⅰ.肉… Ⅱ.①杨… ②陈… Ⅲ.①肉用型–鹅–饲养管理 Ⅳ.①S835

中国版本图书馆 CIP 数据核字（2013）第 058737 号

肉用鹅60天出栏养殖法

策划编辑：孙江莉　责任编辑：孙江莉　责任校对：张吲哚　责任出版：张志平

出　版　者	科学技术文献出版社
地　　　址	北京市复兴路15号　　邮编 100038
编　务　部	（010）58882938，58882087（传真）
发　行　部	（010）58882868，58882874（传真）
邮　购　部	（010）58882873
官 方 网 址	http://www.stdp.com.cn
发　行　者	科学技术文献出版社发行　全国各地新华书店经销
印　刷　者	北京高迪印刷有限公司
版　　　次	2013 年 5 月第 1 版　2013 年 5 月第 1 次印刷
开　　　本	850×1168　1/32
字　　　数	164千
印　　　张	8
书　　　号	ISBN 978-7-5023-7802-8
定　　　价	19.00元

编 委 会

前　言

鹅肉不仅是高蛋白、低脂肪的优质肉品，而且由于鹅的抗病力较强，生产中使用药物少；鹅饲料以新鲜饲草为主，配合饲料的使用量较少，鹅肉中药物和化学添加剂的残留很少，因而符合现代人们的绿色消费需求，相对猪、鸡肉来说，具有很大的消费优势。鹅绒保暖性能强，是加工羽绒制品的优质填充料，一直是国际市场的紧俏产品；鹅肝营养丰富，鲜嫩味美，被认为是上等的营养品之一；鹅翅、鹅蹼、鹅舌、鹅肠、鹅肫等是餐桌上的美味佳肴；鹅油、鹅胆、鹅血是食品工业、医药工业的主要原料。因此，在今后一个时期内，养鹅业将成为畜禽业中发展势头强劲，经济效益、社会效益俱佳，发展前景广阔的行业之一。

鹅饲料以新鲜饲草为主，不与人畜争粮，发展养鹅业符合我国退耕还林、还草政策的实施，也符合我国畜牧业结构调整关于"稳定猪鸡生产，积极发展草食畜禽"的方针。

为了进一步提高我国广大养鹅专业人员的基本知识和实际技术，促进我国肉用鹅饲养逐步走向科学化、规范化，使广大肉用鹅养殖场和养殖专业户获得最佳的经济效益和社会效益，笔者组织了多年从事相关行业的技术人员，编写了本书，旨在为肉用鹅养殖场、养殖户解决一些实际问题。

由于我国鹅的资源和养殖经验丰富，地理差别大，生产和消费习惯迥异，本书难以概全，加之时间仓促，编著者水平所限，书中疏漏和错误之处恳请同行及广大读者批评指正，并对参阅相关文献的原作者在此表示感谢。

编者

contents 目录

第一章　肉用鹅养殖概述

　　家庭养鹅是我国农民的传统养殖项目之一，但传统方法养鹅，雏鹅饲养日龄长，经济效益不高，已经不能适应规模化生产的需要。为加快肉用鹅生长发育，缩短饲养周期，降低饲养成本，提高经济效益，必须进行规模化养鹅。规模化养鹅与农村作为家庭副业、少量饲养相比具有要求条件高、资金周转快、经济效益好等特点，是目前农民和下岗人员快速致富的有效途径之一，同时规模化养鹅也是养鹅走向现代化的重要标志。

　　规模化饲养肉用鹅是指雏鹅"全进全出"集中饲养到60日龄，大型鹅活体重达3～4千克以上，中小型鹅活体重达2.5～3.5千克以上出栏供肉用的鹅。因此，肉用鹅生产具有投资少、收效快、获利多等优点。

第一节　肉用鹅生产的特点

　　规模化饲养就是饲养的规模大、生产效率高、管理比较统一的一种饲养方式。

1.全程舍饲

肉用鹅整个饲养过程全部在舍内完成，不进行放牧和游水，限制鹅的活动，减少能量消耗。

2.实行全进全出制

"全进全出制"是指一个养鹅场或一个养鹅专业户只养一批同日龄(或日龄相差不超过一周)的鹅，场内的鹅同一日期进场，饲养期满后，全群一起出场。空场后进行场内房舍、设备、用具等彻底的清扫、冲洗、消毒，空闲2周以上，然后再进另一批鹅。这种生产制度能最大限度地消灭场内的病原体，因为这种制度的特点是全群出场后，场内无鹅，因而也无传染源；同时，只有这种状况才能彻底消毒，最大限度地把场内的各种病原体消灭掉，能防止各种传染病的循环感染，能使接种的鹅获得较为一致的免疫力。

此外，实行这种生产制度，场内只有同日龄的鹅，因而采取的技术方案单一，管理简便，在鹅舍清洗、消毒期间，还可以全面维修设备，进行比较彻底的灭蝇、灭鼠等卫生工作。

3.饲喂全价配合饲料

合理配制鹅的日粮，是规模化养鹅实现高产水平和低成本的根本保证。鹅是草食家禽，长期以来养鹅生产是以放牧为主，补饲为辅的饲养方式，鹅的饲料营养研究相对滞后，目前我国还没有鹅的饲养标准，随着养鹅规模的不断扩大，原有的生产方式不能满足需要，特别是在肉用鹅饲养方面，需逐步使用全价配合饲料，适应发展其生长发育需要。

4.全年生产，均衡上市

全程舍饲和全价饲养为鹅的生长发育创造了适宜的环境，使鹅的生产不受季节、气候的影响，得以常年生产，均衡上市。

为了达到肉用鹅周年生产的目的，养殖者要根据各种鹅的产蛋月份，多选择几种鹅品种，使其能够全年供应充足的种蛋以供孵化。如狮头鹅（每年9月至次年4月产蛋）、太湖鹅（当年9月至次年6月产蛋）、溆浦鹅（开产7月龄左右产蛋）、雁鹅（开产在8～9月产蛋）等组合养殖。

5.卫生集约化

规模化养鹅都是高密度饲养，一旦发生疫病，传播很快，很难根除。因此，必须采取必要的预防措施，把病原体从鹅舍及周围的环境中清除消灭，最常用的办法是清洗消毒。

6.投入低，效益高

饲养肉用仔鹅所需的房舍和设备简单，肉用鹅比肉用鸡（鸭）抗病力强，所用饲料成本低，净收益比饲养肉用鸡（鸭）高。

第二节　适合养殖的部分肉用鹅品种

肉用鹅的生产宜选择早期生长速度快的品种或杂交鹅，但养什么品种，还要看当地品种条件和养殖习惯来选择鹅种。如广东省习惯饲养灰鹅、狮头鹅、乌鬃鹅、马岗鹅等，安徽省喜欢养雁鹅、皖西白鹅等，江苏省习惯饲养太湖鹅、扬州鹅等，东北喜欢养豁眼鹅、籽鹅等，浙江省习惯饲养浙东白鹅等，湖南省习惯饲养溆浦鹅等，四川省喜欢养四川白鹅等，新疆习惯养伊犁鹅等。

1.狮头鹅

狮头鹅是我国唯一的大型鹅种,因体大,头大如雄狮头状而得名。

(1)外貌特征:体型硕大,体躯呈方形。头部前额肉瘤发达,覆盖于喙上,颌下有发达的咽袋一直延伸到颈部,呈三角形。喙短,质坚实,黑色,眼皮突出,多呈黄色,虹彩褐色,胫粗蹼宽为橙红色,有黑斑,皮肤米色或乳白色,体内侧有皮肤皱褶。全身背面羽毛、前胸羽毛及翼羽为棕褐色,由头顶至颈部的背面形成如鬃状的深褐色羽毛带,全身腹部的羽毛白色或灰色。

(2)生产性能:产蛋季节通常在当年9月至次年4月,这一时期一般分3～4个产蛋期,每期可产蛋6～10枚。60日龄公鹅体重5550克,母鹅5115克。

2.皖西白鹅

皖西白鹅原产于安徽省西部,属中型绒肉兼用型鹅种,是我国中型白色鹅种中体型较大的一个地方品种,分3～4个产蛋期,可四季产蛋孵化生产肉用鹅。

(1)外貌特征:体型中等,颈长呈弓形,胸深广,背宽平。全身羽毛白色头顶有橘黄色肉瘤,圆而光滑无皱褶。喙橘黄色,虹彩灰蓝色,胫、蹼橘红色,爪白色。公鹅肉瘤大而突出,颈粗长有力;母鹅颈较细短,腹部轻微下垂。少数个体头顶后部生有球形羽束,称为"顶心毛"。

(2)生产性能:母鹅开产多集中在1月份,一般年产3～4期蛋,年产蛋30～50枚。雏鹅初生重90克左右,30日龄仔鹅体重可达1500克以上;60日龄达3000～3500克。

3.雁鹅

雁鹅原产于安徽省六安地区，属中型肉用鹅种，是我国鹅灰色品种中的代表类型。

（1）外貌特征：体型中等，体质结实，全身羽毛紧贴。头部圆形略方，头上有黑色肉瘤，质地柔软，呈桃形或半球形向上方突出。眼睑为黑色或灰黑色，眼球黑色，虹彩灰蓝色，喙黑色、扁阔，胫、蹼为橘黄色，爪黑色。颈细长，胸深广，背宽平，腹下有皱褶。皮肤多数为黄白色。成年鹅羽毛呈灰褐色和深褐色，颈的背侧有一条明显的灰褐色羽带，体躯的羽毛从上往下由深渐浅，至腹部为灰白色或白色。除腹部白色羽外，背、翼、肩及腿羽皆为银边羽，排列整齐。肉瘤的边缘和喙的基部大部分有半圈白羽。雏鹅全身羽绒呈墨绿色或棕褐色，喙、胫、蹼均呈灰黑色。

（2）生产性能：一般母鹅开产在 7～9 月龄，年产蛋为 25～35 枚，雁鹅在产蛋期间，每产一定数量蛋后即进入就巢期休产，以后再产第二期蛋，如此反复，一般可间歇产蛋三期，也有少数可产蛋四期。一般公鹅初生重 109 克，母鹅 106 克，30 日龄公鹅体重 791 克，母鹅 809 克；60 日龄公鹅体重 2437 克，母鹅 2170 克。

4.溆浦鹅

溆浦鹅产于湖南省溆水两岸，属中型肉用鹅种，是我国地方鹅种中产肥肝性能较好的一个品种。

（1）外貌特征：体型高大，体躯稍长，呈长圆柱形。公鹅头颈高昂，直立雄壮，叫声清脆洪亮，护群性强。母鹅体型稍小，性情温驯、觅食力强，产蛋期间后躯丰满，呈蛋圆形。毛色主要有白、灰两种，以白色居多。灰鹅颈、背、尾灰褐色，腹部为白色；皮肤浅黄色，眼睛明亮有神，眼睑黄白，虹彩灰蓝色；胫、蹼都是橘红色；喙黑色；肉瘤突起，呈灰黑色，表面光滑。白鹅全身羽毛白色，喙、肉瘤、胫、蹼都呈橘黄色；皮肤浅黄色，眼睑黄色，虹彩灰蓝色。该品种母鹅后躯丰满，腹部下垂，有腹褶。有20%左右的个体头顶有"顶心毛"。

（2）生产性能：母鹅开产7月龄左右，每期可产蛋8～12枚，一般年产2～3期，高产者有4期，一般年产蛋30枚左右。初生重122克，30日龄体重1539克，60日龄体重3152克。

5.浙东白鹅

浙东白鹅是浙江地区优良中型肉用型鹅种，是我国中型鹅中肉质较好的地方品种之一。

（1）外貌特征：体型中等，体躯长方形，全身羽毛洁白，约有15%左右的个体在头部和背侧夹杂少量斑点状灰褐色羽毛。额上方肉瘤高突，成半球形。随年龄增长，突起变得更加明显。无咽袋、颈细长。喙、胫、蹼幼年时呈橘黄色，成年后变橘红色，肉瘤颜色较喙色略浅，眼睑金黄色，虹彩灰蓝色。成年公鹅体型高大雄伟，肉瘤高突，鸣声洪亮，好斗逐人；成年母鹅腹宽而下垂，肉瘤较低，鸣声低沉，性情温驯。

（2）生产性能：母鹅开产日龄一般在4月龄，每年有4个产蛋期，每期产蛋8～13枚，一年可产40枚左右。初生重105克，30日龄体重1315克，60日龄体重3509克。

6.四川白鹅

四川白鹅主要产于四川省乐山、温江、宜宾、重庆等地，属中型绒肉兼用鹅种，是我国中型的白色鹅种中唯一无就巢性而产蛋量较高的品种。

（1）外貌特征：体型稍细长，头中等大小，躯干呈圆筒形，全身羽毛洁白，喙、胫、蹼橘红色，虹彩蓝灰色。公鹅体型稍大，头颈较粗，额部有一呈半圆形的橘红色肉瘤；母鹅头清秀，颈细长，肉瘤不明显。

（2）生产性能：母鹅开产日龄200～240天，年平均产蛋量60～80枚。初生雏鹅体重为71克，60日龄体重2476克。

7.固始白鹅

固始白鹅是我国中型绒肉兼用鹅种。

（1）外貌特征：外观体色雪白，但少数鹅的副翼羽有几根灰羽，多数鹅为纯白色，全身羽毛紧贴，体质结实而紧凑，头近方圆形，大小适中而高昂，前端有圆而光滑的肉瘤。全身各部比例匀称，步态稳健，体姿雄伟，眼大有神，眼睑淡黄色，虹彩为灰色。嘴扁阔，颈细长向前似弓形，胸深广而突出，背宽而较平。体躯呈长方形，腿短粗强壮有力。嘴、肉瘤、蹠、蹼均为橘黄色，嘴端颜色较淡，爪呈白色。少数鹅的头颈交界处有一撮突出的绒球状颈毛，俗称"凤头鹅"。还有少数额下有一带状肉垂，俗称"牛鹅"。公鹅体型较母鹅高大雄壮，行走时昂首挺胸，步态稳健，叫声洪亮，头部肉瘤比母鹅大而突出，嘴较宽而长。母鹅性情温顺，叫声低而粗。在产蛋期间腹部有一条明显的皱褶，高产鹅的皱褶大而接近地面。

（2）生产性能：母鹅160～170日龄开产，年产蛋24～26枚，个别高产鹅可达70枚。一年产两窝蛋，头窝在2、3月份，产14～16枚，第二窝在5、6月份，产8～10枚。固始白鹅的生长速度很快，初生雏鹅180克，30日龄重可达1200～1600克，60日龄可达3000～3500克。

8.钢鹅

钢鹅又名铁甲鹅，是我国中型肉用鹅种。

（1）外貌特征：体型较大，头呈长方形，喙宽平、灰黑色，公鹅肉瘤突出，黑色，前胸开阔，体躯向前抬起，体态高昂。鹅的头顶部沿颈的背面直到颈下部有一条由大逐渐变小的灰褐色的鬃状羽带，腹面的羽毛灰白色，褐色羽毛的边缘有银白色的镶边。胫粗，蹼宽，呈橘黄色。

（2）生产性能：开产日龄180～200天，年产蛋量34～45枚。初生重127克，30日龄体重可达1200～1600克，60日龄可达3000～3500克。

9.马岗鹅

马岗鹅是我国中型肉用鹅种。

（1）外貌特征：具有乌头、乌颈、乌背、乌脚等特征。公鹅体型较大，头大、颈粗、胸宽、背阔；母鹅体躯如瓦筒形，羽毛紧贴，背、翼、基羽均为黑色，胸、腹羽淡白。初生雏鹅绒羽呈墨绿色，腹部为黄白色，胫、喙呈黑色。

（2）生产性能：母鹅开产日龄150天左右，年产蛋40～45枚。初生重113克，30日龄体重可达100～1200克，60日龄可达2500～2800克。

10.扬州鹅

扬州鹅是我国中型肉用鹅种。

（1）外貌特征：头中等大小，高昂；前额有半球形肉瘤，瘤明显，呈橘黄色；颈匀称，粗细、长短适中；体躯方圆，紧凑；羽毛洁白、绒质较好，在鹅群中偶见眼梢或头顶或腰背部有少量灰褐色羽毛的个体；喙、胫、蹼橘红色（略淡）；眼睑淡黄色，虹彩灰蓝色；公鹅比母鹅体型略大，公鹅雄壮，母鹅清秀。雏鹅全身乳黄色，喙、胫、蹼橘红。

（2）生产性能：母鹅开产日龄一般为7～8月龄，产蛋至次年 5 月，年产蛋量可达 70 ～ 75 枚。初生重 82 克左右，60 日龄平均体重可达 4047 克。

11. 莱茵鹅

莱茵鹅是中等偏小的肉用鹅种。

（1）外貌特征：体型中等偏小。初生雏背面羽毛为灰褐色，从 2 周龄到 6 周龄，逐渐转变为白色，成年时全身羽毛洁白。喙、胫、蹼呈橘黄色。头上无肉瘤，颈粗短。

（2）生产性能：母鹅开产日龄为 210 ～ 240 天，年产蛋量为 50 ～ 60 枚，平均蛋重 150 ～ 190 克。仔鹅 8 周龄活重可达 4200 ～ 4300 克。

12. 南溪白鹅

南溪白鹅是四川的优良种鹅。

（1）外貌特征：南溪白鹅全身羽毛洁白，喙、胫、蹼呈橘红色，虹膜呈灰色。成年公鹅体型大、头颈粗壮，体躯较长，额部有一呈半圆形的肉瘤；成年母鹅，头清秀、颈细长、肉瘤不明显。

（2）生产性能：母鹅产蛋时间为 9 月至次年 5 月，产蛋高者可达 100 ～ 200 枚。出壳重 88 克，公鹅 60 日龄平均体重 3845 克，最大体重可达 6275 克。

13. 太湖鹅

太湖鹅原产于长江三角洲的太湖地区，是我国小型绒肉兼用鹅种。

（1）外貌特征：体型较小，全身羽毛洁白，体质细致紧凑。体态高昂，肉瘤姜黄色、发达、圆而光滑、颈长、呈弓形，无肉垂，眼睑淡黄色，虹彩灰蓝色，喙、跖、蹼呈橘红色，爪白色。公鹅喙较短，约 6.5 厘米左右，性情温顺，叫声低，肉瘤小。

（2）生产性能：一个产蛋期（当年9月至次年6月）每只母鹅平均产蛋60枚，高产鹅群达80～90枚，高产个体达123枚。雏鹅初生重为91克，60日龄平均体重为2320克，高者达3080克。此外，太湖鹅羽绒白如雪，经济价值高，每只鹅可产羽绒200～250克。

14.乌鬃鹅

乌鬃鹅原产于广东省清远县，是我国小型肉用鹅种。

（1）外貌特征：体型紧凑，头小、颈细、腿短。公鹅体型较大，呈榄核型；母鹅呈楔形。羽毛大部分呈乌棕色，从头顶部到最后颈椎有一条鬃状黑褐色羽毛带。颈部两侧的羽毛为白色，翼羽、肩羽、背羽和尾羽为黑色，羽毛末端有明显的棕褐色银边。胸羽灰白色或灰色，腹羽灰白色或白色。在背部两边，有一条起自肩部直至尾根的2厘米宽的白色羽毛带，在尾翼间未被覆盖部分呈现白色圈带。青年鹅的各部位羽毛颜色比成年鹅较深。喙、肉瘤、胫、蹼均为黑色，虹彩棕色。

（2）生产性能：母鹅开产日龄为140天左右，一年分4～5个产蛋期，平均年产蛋30枚左右。初生重95克，30日龄体重695克，60日龄体重2850克。

15.伊犁鹅

伊犁鹅又称塔城飞鹅、雁鹅，属小型绒肉兼用品种。

（1）外貌特征：体型中等与灰雁非常相似，颈较短，胸宽广而突出，体躯呈水平状态，扁椭圆形，腿粗短。头部平顶，无肉瘤突起。颔下无咽袋。雏鹅上体黄褐色，两侧黄色，腹下淡黄色，眼灰黑色，喙黄褐色，胫、趾、蹼均为橘红色，

10

喙豆乳白色。成年鹅喙象牙色,胫、蹼、趾肉红色,虹彩蓝灰色。羽毛可分为灰、花、白3种颜色,翼尾较长。

灰鹅头、颈、背、腰等部位羽毛灰褐色;胸、腹、尾下灰白色,并缀以深褐色小斑;喙基周围有一条狭窄的白色羽环;体躯两侧及背部,深浅褐色相衔,形成状似覆瓦的波状横带;尾羽褐色,羽端白色。最外侧两对尾羽白色。花鹅羽毛灰白相间,头、背、翼等部位灰褐色,其他部位白色,常见在颈肩部出现白色羽环。白鹅全身羽毛白色。

(2)生产性能:一般每年只有一个产蛋期,出现在3～4月间,也有个别鹅分春秋两季产蛋。全年可产蛋5～24枚,平均年产蛋量为10枚。公母鹅30日龄体重分别为1380克和1230克,60日龄体重3030克和2770克。

16.阳江鹅

阳江鹅是我国小型肉用鹅种。

(1)外貌特征:体型中等、行动敏捷。母鹅头细颈长,躯干略似瓦筒形,性情温顺;公鹅头大颈粗,躯干略呈船底形,雄性明显。从头部经颈向后延伸至背部,有一条宽约1.5～2厘米的深色毛带,故又叫黄鬃鹅。在胸部、背部、翼尾和两小腿外侧为灰色毛,毛边缘都有宽0.1厘米的白色银边羽。从胸两侧到尾椎,有一条像葫芦形的灰色毛带。除上述部位外,均为白色羽毛。在鹅群中,灰色羽毛又分黑灰、黄灰、白灰等几种。喙、肉瘤黑色,胫、蹼为黄色、黄褐色或黑灰色。

(2)生产性能:产蛋季节在每年7月到次年3月。一年产蛋4期,平均每年产蛋量26～30枚。采用人工孵化后,年产蛋量可达45枚。60日龄体重3000～3500克。

17.闽北白鹅

闽北白鹅是我中小型肉用鹅种。

（1）外貌特征：全身羽毛洁白，喙、胫、蹼均为橘黄色，皮肤为肉色，虹彩灰蓝色。公鹅头顶有明显突起的冠状皮瘤，颈长胸宽，鸣声洪亮。母鹅臀部宽大丰满，性情温驯。雏鹅绒毛为黄色或黄中透绿。

（2）生产性能：1 年产蛋 3 ～ 4 窝，每窝产蛋平均 8 ～ 12 枚，年平均产蛋 30 ～ 40 枚。在较好的饲养条件下，60 日龄体重可达 3000 克左右，肉质好。

18.永康灰鹅

永康灰鹅是我国小型肉用鹅种。

（1）外貌特征：该鹅体躯呈长方形，其前胸突出而向上抬起，后躯较大，腹部略下垂，颈细长，肉瘤突起。羽毛背面呈深灰色，白头部至颈部上侧直至背部的羽毛颜色较深，主翼羽深灰色。颈部两侧及下侧直至胸部均为灰白色，腹部白色。喙和肉瘤黑色。跖、蹼橘红色。虹彩褐色。皮肤淡黄色。

（2）生产性能：年产蛋量 40 ～ 50 枚，平均蛋重 140 克，蛋壳白色。2 月龄重 2500 克左右。

19.右江鹅

右江鹅是我国小型肉用鹅种。

（1）外貌特征：背胸宽广，成年公母鹅腹部均下垂。头部较小而平。咽喉下方无咽袋，按羽色分，有白鹅与灰鹅两种。白鹅全身羽毛洁白，虹彩浅蓝色，嘴、脚与蹼粉红色。皮肤、爪和喙豆为肉色。灰鹅体型与白鹅相同，仅毛色不同。头部和颈的背面羽毛呈棕色。颈两侧与下方直至胸部和腹部都生白羽。背羽灰色镶琥珀边。主翼羽前两根为白色，后 8 根为深灰色镶白边。尾羽浅灰色镶白边。腿羽灰色。头部皮肤和肉瘤交界处有一小圈白毛。虹彩黄褐色，嘴黑色。跖和蹼橙黄色。

（2）生产性能：每年产蛋 3 窝，每窝产 8 ～ 15 枚，个别达 18 ～ 20 枚，通常以头窝所产较多。年平均产蛋 40 枚。60 日龄体重 2000 克。

20.广丰白翎鹅

广丰白翎鹅是我国中型肉用鹅种。

（1）外貌特征：体型中等大小，紧凑匀称。全身羽毛洁白、纯净，有光泽。皮肤淡黄。喙、胫、蹼橘色，虹彩灰蓝色，无咽袋，偶有腹褶。头部前额有一橘色肉瘤。公鹅肉瘤圆而大，母鹅肉瘤不明显。

（2）生产性能：年产蛋 40 ～ 60 枚。60 日龄公鹅体重 2200 克，母鹅体重 2600 克。

21.豁眼鹅

豁眼鹅属小型品种，主产于辽宁、吉林、黑龙江等地。

（1）外貌特征：该品种鹅体型较小，呈方形。颔下偶有咽袋。颈中等长，前伸似弓形。胸深而突出，背宽平。头大小适中，头顶有圆而光滑的肉瘤，喙扁阔，喙、肉瘤橘黄色。部分个体上眼睑处有明显的豁口，眼呈三角形，眼睑淡黄色，虹彩灰色。公鹅头颈粗大，肉瘤突出，前躯挺拔高抬。母鹅体躯细致紧凑，羽毛紧贴，腹部丰满、略下垂，有 1 ～ 2 个皱褶，俗称"蛋窝"。山东产区鹅颈较细长，腹部紧凑，腹褶较小，颔下有咽袋者亦占少数。羽毛白色。胫、蹼橘黄色，趾白色。

（2）生产性能：产蛋旺季为 2 ～ 6 月份，平均年产蛋 125 枚，高者达 180 ～ 200 枚。平均初生重 74 克，60 日龄公鹅 1434 克, 母鹅 1203 克。

22.籽鹅

籽鹅属小型品种, 主产于黑龙江绥化地区和大庆市, 以肇东市、肇源县、肇州县等饲养最多。

（1）外貌特征：籽鹅体型小, 紧凑, 略呈长圆形, 颈细长, 颌下垂皮较小, 头上有小肉瘤, 多数头顶有缨。喙、胫和蹼为橙黄色。额下垂皮较小。腹部不下垂。全身羽毛白色。

（2）生产性能：6 月龄开产, 产蛋期有 5 个多月, 年产蛋 100 枚左右, 多可达 180 枚。60 日龄体重 2000 克左右。

第三节 肉用鹅生产中应注意的问题

1.环境条件适宜

鹅的生理和生物特征, 具有许多与其他禽种不同的特殊性, 如食草性、合群性、警觉性、敏感性、节律性及喜静惧噪、耐寒怕热、厌拥怕挤、夜卧怕湿等。这些都需要养殖户尽力创造与鹅群相适应的条件, 保证其正常的生长、发育和生产性能的发挥。

2.学懂技术

学懂技术是养好鹅的前提, 首先要了解鹅的生长规律、发育特点、生产性能, 认真钻研鹅病的防治、消毒防疫、饲料配方及育雏管理等相关技术, 切忌一知半解, 才能在养鹅实践中做到得心应手, 学以致用。

3.选好品种

优良鹅品种是首先要重视的问题；部分养鹅户, 对品种不大重视，导致生长周期长，耗料多，经济收入少。因此，要想养鹅赚钱，须选择好的品种。若本地没有优良品种，可利用本地母鹅的优势，引进品种进行杂交，这种杂交鹅的后代8周龄育肥后，其经济效益十分明显。

短期育肥要选好鹅苗，尽量不养残弱的鹅苗，因为鹅群比较集中，容易将弱雏踩死，一旦发现必须隔离饲养。

4.适度规模

一个养殖户到底养多少只鹅最合适？我们认为养鹅数量的多少要因户而异、因人而异、因时而异，也就是说，要根据农户自身条件，如资金投入、饲草资源、技术能力、管理水平、交通状况、地理位置、市场需求等各种因素来确定经营的方向和目标，还要根据鹅苗饲料价格和鹅出栏的预期销售价格等综合情况来考虑定夺。

5.料草营养全面

没有充足的营养，肉用鹅就不可能充分地发挥其生长潜力，就不可能长得那么快、那么好。必须用优质原料来生产肉用鹅饲料，在饲料上稍有疏漏，即可能严重影响生产。

喂鹅的饲料和牧草的营养以及饲料配方对鹅的新陈代谢、生长发育及能否发挥最佳的生产性能都起着至关重要的作用，饲喂已经霉变、腐烂的饲料和草料会致鹅中毒患病和造成伤亡。

鹅喙呈扁平铲状，进食时不像鸡那样啄食，而是铲食，铲进一口后，抬头吞下，然后再重复上述动作。这就要求饲喂时，食槽要有一定的高度，平底，且有一定宽度。鹅没有鸡那样的嗉囊，每天鹅必须有足够的采食次数，防止饥饿，每间隔2小时需采食1次，小鹅就更短一些，每天必须在7～8

次以上，特别是夜间补饲更为重要，即俗话说的"鹅不吃夜草不肥"。

鹅的肠道较长，盲肠发达，对青草中粗纤维的消化率可达45%～50%。特别是消化青饲料中蛋白质的能力很强。鹅的颈粗长而有力，对青草芽、草尖和果穗有很强的衔食性，除莎草科苔属青草及有毒、有特殊气味的草外，它都可采食。但是，有人把鹅的食草性无限扩大，认为鹅不食荤腥饲料，这是不对的。其实，鹅对昆虫、蚯蚓等小动物也特别喜食，饲料中加入少量的优质鱼粉、蝇蛆，可明显的提高肉用鹅的生长速度。据试验，在饲料中添加适量鲜蛆，鹅生长速度提高19.2%～42%，且节约饲料20%～40%。

生产中发现有些肉用仔鹅经育肥后体重虽已达到上市标准，但羽毛未长全，不能出售，导致饲养周期延长。如在雏鹅羽毛生长过程中配喂2%左右的羽毛粉（其粗蛋白含量在80%以上），可有效地促进羽毛的生长。

6.消毒防疫到位

疾病是造成饲养肉用鹅失败的主要原因。肉用仔鹅抗病能力较弱，鹅群一旦发病就很难控制，即使控制住了，也会造成很大损失，所以必须采取预防为主的方针，制定一个完善的疫病防御措施。对待肉用鹅的疾病采取头痛医头、脚痛医脚的办法是无济于事的，必须事先认清发生疾病的可能原因，堵塞一切漏洞，在消毒、隔离、免疫、用药、环境控制、营养等诸多方面采取综合治理的方针，才能奏效。

7.短期内可决定盈亏

肉用鹅一般饲养60日龄就可出栏，具有资金周转快的优点。但是这种短时间内决定盈亏的情况，要求整个生产过程很少发生失误。

8.肉用鹅生产必须把"成功率"放在第一位

一般肉用鹅的成活率在90%以下时，利润就会很小或发生亏损。所以饲养肉用鹅必须周密地计划，注意克服管理中的点滴漏洞，力争取得成功。一批肉用鹅饲养的失败，可能会赔掉几批肉用鹅所获得的利润。为了追求稳定的生产，在饲养条件不成熟时，不可盲目扩大饲养规模。

第二章　肉用鹅场的规划与建设

规模饲养肉用鹅必须在村外建场养殖，以免禽群间疾病的相互感染。

第一节　肉用鹅的生产计划

我国许多地区农户都有养鹅的习惯，但怎样使养鹅产业在调整优化农业产业结构，发展畜牧业中发挥更大的作用，获得好的经济效益，才是我们应该关注的问题。所以，肉用鹅场在经营开始，首先要确定鹅群规模、年生产批次、采取何种管理方式等，即因地制宜地确定经营和饲养管理方案，然后再规划鹅舍，安排设备各方面的投资等。

一、饲养规模

养殖肉用鹅的数量关系到养殖效益的高低，除有熟练的养鹅技术外，还应根据自身条件，如资金投入、饲草资源、技术能力、管理水平、交通状况、地理位置、市场需求等各种因素来确定饲养规模。

笔者建议刚学习肉用鹅的养殖者，可以先从一批饲养1000～2000只开始，当掌握了养鹅技术，了解了市场行情，积累了相应资金，才能扩大饲养规模。相比那些盲目上马，随意扩群，好高骛远，前期大搞基建，中期资金不足，后期亏损赔钱的教训，广大养殖者都会心若明镜，不辨自明。

　　畜禽专家告诫养殖者：养鹅应遵循"学懂技术、科学养鹅、适度规模、滚动发展"的原则，才能获得好的效益。

二、养殖模式

　　近几年，全国各地肉用鹅养殖组织形式多样，总结起来大致有四种。第一种是集约化模式，是指把养殖业上下游集约到一起，通过系统的管理，来获得系统经济效益的一种生产模式；第二是规模化的模式，这种模式比较单一；第三是专业户的模式；第四是散户养殖的模式。

　　目前集约化和规模化模式主要有"公司+农户"、"公司+基地+农户"组织形式。

1."公司+农户"饲养模式及特点

　　"公司＋农户"的基本模式是公司给养殖户提供鹅苗、饲料、兽药、技术等（有的要收少量的风险抵押金），农户进行饲养，然后按保护价回收毛鹅。

　　这种模式有以下特点：

　　（1）可以互惠互利，共同发展。公司省去了建造育肥鹅舍和购买饲养设备的巨额费用，解决了公司资金短缺的难题，同时也便于企业扩大规模。

　　（2）养殖户由于省去了肉用鹅饲养生产中鹅苗和饲料这一主要的周转资金，同时又有公司在技术方面做后盾，而且公司按保护价收购，不存在卖鹅难的问题，避免了市场波动的风险，经济效益得到了保障，调动了广大养鹅户的积极性。

（3）由于饲养者是千家万户，素质参差不齐，饲养的场所又七零八落，农户分散，公司不容易达到对农户的统一管理，容易产生问题。目前此种模式还有一些问题需要解决。

2. "公司+基地+农户"饲养模式及特点

所谓"公司+基地+农户"，就是由龙头企业公司投入一定量的人力、物力，筹建肉用鹅生产示范基地，由基地带动农户加盟养殖经营，公司负责种鹅饲养、鹅雏孵化、鹅雏供应、饲料供应、技术服务、防疫灭病、商品鹅回收、屠宰加工、产品销售，基地饲养户只承担肉用鹅饲养工作。在鹅雏发放、饲料供应、商品鹅回收三个重要环节采取高价位运行的方式，以保证整个产业链条的全封闭运行。

这种模式有以下特点：

（1）方便公司对基地和农户统一管理（即统一供应品种、统一供应生产资料、统一技术规程，统一指导、统一监督管理、统一收购、统一加工、统一销售），有利于提高肉用鹅生产的产量和质量，有利于品牌战略的实施，进而更大限度地增加销售收入，获得更可观的经济效益，公司与农户互惠互利，共享收益。

（2）由于大多数加盟养殖户都是在示范基地内养殖，统一建设鹅舍，统一养殖方案，统一管理，不易出现农户私自乱用药物，乱用饲料，不按规程进行养殖的现象。

（3）采取这种模式，也便于技术的创新、推广和应用。公司利用雄厚的科研实力不断进行研究和创新，通过基地示范和统一的技术培训，给养殖户提供产前、产中和产后的技术服务，不断提高养殖户的饲养管理水平，提高养殖户收益的同时也提高了公司的利润。

3.专业户饲养模式及特点

专业户饲养机动灵活，可自孵鹅苗，也可订购鹅苗。产品自行销售，随时出栏。但有时可能出现卖鹅难、养殖技术咨询难和饲养批次不够的问题。

三、管理模式

为了节省劳动力和减少鹅的应激，可采用"一段式"养殖模式或"两段式"养殖模式。

1."一段式"养殖模式

"一段式"养殖模式即从 1 日龄直至出栏均在同一鹅舍（栏）内完成。

2."两段式"养殖模式

"两段式"养殖模式就是育雏、育肥分地（舍）进行，鹅雏在育雏舍培育至脱温后，全群同时转入育肥舍饲养至出栏，腾出的育雏舍经消毒后再接纳鹅雏培育。这样，"两段式"循环作业，不但加快了育肥鹅饲养批次，而且提高了鹅舍的利用率。

四、每年养鹅批次

"公司+农户"、"公司+基地+农户"养殖模式，因公司饲养鹅品种多、各个月份产蛋的鹅都有，可实现全年生产，因此停养期通常为14天，此期间对鹅舍进行消毒。若饲养期为60天，停养期为14天，"一段式"养殖则每年可养育肥鹅5批，"两段式"养殖可多养几批。由此可见，饲养期短和停养期短，都可增加每一栋鹅舍中每年生产的育肥鹅数。

专业户饲养模式的，活鹅销售市场可分为7～9月份低价期，10～12月份中价期，1～4月高价期三个大阶段，这三个价期价格差别较大，其效益也差别明显。所以专业户养鹅应该是养反季鹅，即每年的9月下旬开始养鹅到来年4月底一连养3～4批肉用仔鹅，出栏时正是活鹅的高价期，效益高。而传统养鹅是2月底或3月上旬开始饲养，一直养到6月底，出栏时正值低价期，所以专业户养鹅要紧跟市场。

五、养殖管理方式

目前规模化肉用鹅养殖多采用舍内地面平养或网上平养方式。

1.地面平养

垫料地面平养(图2-1)是饲养肉用鹅较普遍的一种方式，方法是水泥或砖铺地面撒上5～10厘米厚的垫料即可。垫料要求松软、吸水性强、新鲜、干燥、不发霉，将肉用鹅饲养在垫料上，任其自由活动。面积小的养几百只鹅，面积大时养至几千只或几万只。大群饲养需隔离成小间，每小间可养100～200只。

垫料饲养的优点是简便易行，投资少，设备简单，节省劳动力，寒冷季节有利于舍内增温。缺点是需要大量垫料，舍内尘埃多，细菌也多，易诱发各种疾病。

2.网上平养

肉用鹅网上养殖（图2-2）是指整个饲养期完全在房舍内网床上饲养。实践证明，肉用鹅网上养殖，省工省料，易管理，生长快，育肥性能好，育肥鹅养至60日龄体重即可达

图2-1　垫料地面平养

图2-2　网上平养

到上市规格，且肉质优良，经济效益和社会效益极为显著，目前已成为一种快速养殖方式。

第二节　肉用鹅场规划

"公司+农户"、"公司+基地+农户"和专业户饲养模式都涉及鹅场选址。合理地选择场址，对提高肉用鹅的生产性能，减少疾病侵袭，降低生产成本，提高经济效益具有重要作用。

23

1.场址选择

无论是单独的育肥鹅养殖还是带有种鹅的养殖,鹅场的地址选择既要考虑鹅场生产对周围环境的要求,也要尽量避免鹅场产生的气味、污物对周围环境的影响。同时还要遵循以下原则:

(1)节省土地:土地的使用应符合当地农牧业区划与布局的要求,以不占用基本农田、节约用地、合理利用废弃地为原则。

(2)交通便利:考虑到饲料、鹅的运输和出售,鹅场不宜太偏僻,应在交通较为便利的地方。但不能紧靠车站、码头或交通要道(公路、铁路),否则不利于防疫卫生,而且环境不安静,影响鹅的休息和产蛋。在远离村落民居的同时,应有一足够宽度的道路通往鹅场,以便于饲料、鹅只上市等运输。

(3)水源充足:养殖场要有稳定的水源,水质符合养殖用水要求,水量保证高峰时期和干旱时期的最大需求。高峰时,每只成年鹅平均每天饮水1000毫升,以5000只鹅计算,加上其他用水每天可达5~6吨,因此,选择的场址要水源充足,但鹅场不允许建在饮用水源、食品厂上游。

(4)草源丰富:丰富的草源是降低鹅的饲料成本,提高生产性能的基础。鹅场附近能有充裕的牧草生产地,使供应的鹅青绿饲料有保障。如在鹅场周边有果园、荒滩、草地等条件,则更有利于鹅的生产,可节省饲料,降低成本,还能做到农牧结合。

(5)防疫隔离条件良好:鹅场的选择最好是未曾养过任何牲畜和家禽的地方。鹅场周围3千米内无大型化工厂、矿厂,与农贸市场、屠宰加工厂、肉食品加工厂、皮毛加工厂、

学校、医院、乡镇居民区等设施至少1千米以上，距离垃圾场等污染源2千米以上，特别是其他水禽养殖场尽可能远些。鹅场周围有围墙或防疫沟，并建立绿化隔离带。

（6）环境条件良好：鹅的胆子较小，警惕性较高，突然的巨响、嘈杂的汽车、拖拉机声及人声都会引起鹅群的惊扰和不安，以致影响鹅的生长。鹅场的周围还应有树木遮阴，尤其是盛夏季节，鹅不耐高温，气候酷热，阳光直射会引起鹅的中暑。

选择场地时以平坦或稍有坡度的地形为好，土质以沙质土壤较为适合，同时要了解场址所在地的自然气候条件，如最低气温、最高气温、降雨量及最大风力等情况。离大江、大河、山体要有一定的距离，以预防洪水、塌方、雪崩、泥石流等。

（7）保障电源：鹅场内照明、供水、供温、通风等都需要用电，因此鹅场要有电源保证。必要时要备有发电设备。

（8）发展空间：场地要合理规划，要有利于农、林、牧、副、渔综合利用，也要考虑鹅场将来发展扩大的可能性。

2.鹅场规划布局

"公司+农户"、"公司+基地+农户"养殖模式的，因不饲养种鹅，肉用鹅舍采用"全进全出"制饲养，环境比较干净，布局也比较简单，主要考虑鹅群的防疫卫生和安全，同时还要保证非生产区和生活区养殖者的工作和生活环境，尽量避免交叉污染。专业户饲养模式的因要饲养种鹅，并设有孵化室，在布局和规划时，应进行全面考虑，不能只顾一方面，而忽视了其他方面。除着重考虑风向、地形与建筑物的朝向外，更要考虑生产作业的流程，以便提高劳动生产率，节省投资费用；同时要考虑卫生防疫条件，防止疫病传播；还要照顾各区间的相互联系，便于管理。

平面布局设计一般遵循下列原则：

（1）场区应设有生产区、办公区、生活区、辅助生产区、粪便及废弃物处理区。生产工艺设计，应以从净区向污染区不可逆走向的要求进行布局。

（2）鹅场内生活区和行政区、生产区应严格分开并相隔一定距离，生活区和行政区在风向上与生产区相平行并与生产区保持100米以上的距离。有条件时，生活区可设置于鹅场之外。同时生产区要建立不透风的围墙加以隔离。

（3）鹅场生产区内，按规模大小、饲养批次不同分成几栋鹅舍。

（4）饲料储存室或饲料加工厂（或拌料间）也应与生产生活区保持适当的距离。

（5）粪便暂存、病死鹅与废弃物处理区处于生产区下风向、地势较低的地段，并与生产区保持较大的距离。该区的场地与设施要进行封闭。

（6）鹅场内道路布局应分为清洁道和脏污道，脏污道主要用于运输鹅粪、死鹅及鹅舍内需要外出清洗的脏污设备，清洁道和脏污道不能交叉，以免污染。

（7）生产区入口处应设置专用的消毒池，供进入生产区的人员更衣、消毒用。

（8）场区的绿化：鹅场植树、种草绿化，对改善场区小气候、净化空气和水质、降低噪声等有重要意义。因此，在进行鹅场规划时，必须规划出绿化地，其中包括隔离林、行道绿化、遮阳绿化、绿地等。

第三节 鹅舍建设

鹅舍是肉用鹅生产的重要组成部分，是鹅群采食、饮水、栖息的生活场所，对于提高肉用鹅的生产性能，提高收益，减少疫病发生具有重大意义。

一、鹅舍建筑的基本要求

鹅舍的结构和使用材料直接关系到舍内环境控制能力的强弱和方便程度，在很大程度上决定着肉用鹅饲养的成败，必须根据肉用鹅生产的特点来设计建造或改进鹅舍。

1.鹅舍应有相当的隔热保暖性能

（1）肉用鹅生产基本上是个育雏过程，需要较高较稳定的温度。生长后期为提高饲料利用率，舍温最低要求能维持在20℃左右。

（2）40日龄以后的肉用鹅不耐高温，夏季的高温影响生长，易因中暑而死亡。因此，在建筑上要考虑隔热能力，特别是房顶结构，一定要设法减少夏季太阳辐射热的进入。

2.鹅舍应具有相当良好的通风换气能力

肉用鹅饲养的后期,舍内环境控制的主要手段是通风换气。一般通过合理布置门窗，开启通风天窗，以增强鹅舍的自然通风效果。目前广泛应用的通风装置均比较简单，进气孔的设计多采用间接进气法，即在迎风面墙上装置百叶窗或用细孔网眼布遮围以调节风速，排气孔的设计可在鹅舍顶部安装活动式天窗。为了加大通风量，可在窗上安装排风扇，若是宽度过大的鹅舍，最好实行机械通风，在墙上（山墙或北墙）安装轴流式风机，风机的数量应根据鹅舍饲养鹅数详细计算。

3.鹅舍的设计还必须便于消毒防疫

疫病的预防是饲养肉用鹅的重要环节，根据肉用鹅饲养全进全出的生产特点，鹅舍必须便于冲刷消毒。鹅舍地基应高出自然地面25厘米以上，舍内地面应该做成有2%~3%坡度的水泥地面。房顶和墙壁应平整，尽可能地减少容易沉积灰尘细菌等污物的地方。舍外四周需要有25~30厘米深的排水沟并需硬化处理。

4.鹅舍面积要适宜

肉用鹅较适于高密度饲养，饲养量的大小取决于鹅舍的有效饲养面积和合适的饲养密度。但在实际生产中，饲养量的大小受到多方面因素的制约。首先是饲养人员的数量，其次是饲料供应能力和雏鹅来源，再就是鹅舍的面积。在前两者没有问题的情况下，饲养量的大小决定于鹅舍的面积。一栋鹅舍的有效饲养面积确定了，饲养量也就确定了。假设一个养鹅专业户要建一栋批饲养量为5000只肉用鹅的鹅舍，按60日龄每平方米饲养10只计算，需500平方米。将安置饮水器、料桶及供暖设备的面积计算在内，则增加10%的面积（即50平方米）即可。在建筑设计上，为方便饲养管理，每栋鹅舍还配备连在一起的一个观察室和一个工具、饲料贮备室，这样又要增加30~50平方米，就是说建造一栋饲养量为5000只肉用鹅的鹅舍，需要的建筑面积应在580~600平方米。如果鹅舍内部宽度为12米，修建50米长的鹅舍即可满足需要。

如果鹅舍能满足控制微生物的环境需要，满足前期育雏和后期生长对环境的要求，克服昼夜温差和季节变动对舍内环境的影响，肉用鹅的饲养成功就不再是困难的事了。

5.群体布局

考虑建筑成本和饲养水平，按每栋鹅舍饲养 5000 只肉用鹅（根据季节不同而变化）为宜。为了饲喂方便，网床最好采用缩短网床宽度的双过道式，即中间两排、靠墙一边一排的形式，这样可省去上网床喂料的麻烦。舍内宜分小栏，小规模饲养每栏多为 100 ～ 200 只。

二、 鹅舍类型

目前的鹅舍建筑类型较多，按建筑结构和性能不同，可分为开放式和密闭式两大类。只要饲养管理得当，不管密闭鹅舍还是开放鹅舍，同样可以获得好的经济效益。

1.开放式鹅舍

开放式鹅舍多采用自然通风换气和自然光照与补充人工光照相结合。其优点是在鹅舍的设计、建材、施工工艺和内部设施等方面要求较为简单，造价低，投资少，施工周期短。可以充分利用空气、自然光照等自然资源，运行成本低，减少能源消耗；如果配备一定的设备和设施，在气候较为温暖的地区，鹅群的生产性能也有较好的表现。其缺点是舍内环境受外界环境变化影响较大，舍内环境不稳定，鹅的生产性能会受影响。这类鹅舍分为有窗户鹅舍和开放式卷帘鹅舍两种形式。

（1）有窗鹅舍（见彩图 1）：鹅舍两侧安有玻璃窗，靠饲养员启闭门窗进行通风换气，目前我国饲养肉用鹅绝大多数采用这种鹅舍。这种鹅舍的优点是造价低，结构简单，适用于一般肉用鹅养殖场和专业户使用。缺点是利用自然通风、自然光照,舍内环境条件很不稳定,受外界自然条件影响很大。

（2）卷帘开放式鹅舍：此类鹅舍兼有密闭式和开放式鹅舍的优点，在我国的南、北方无论是高热地区还是寒冷地区都可以采用。鹅舍的屋顶材料采用石棉瓦、彩钢瓦、普通瓦片、玻璃钢瓦，并且采用防漏隔热层处理。此种鹅舍除了在离地15厘米以上建有50厘米高的薄墙外，其余全部敞开，在侧墙壁的内层和外层安装隔热卷帘，由机械传动，内层卷帘和外层卷帘可以分别向上和向下卷起或闭合，能在不同的高度开放，可以达到各种通风要求。夏季炎热可以全部敞开，冬季寒冷可以全部闭合。

2.封闭式鹅舍

这种鹅舍也称无窗鹅舍，或叫控制环境鹅舍。这种鹅舍设置的应急窗，除在断电时临时开窗通风换气以外，平常是封闭的。采用机械喂料，机械通风换气，人工光照，鹅处于人工控制的封闭环境中，受外界干扰少，有利于鹅的生长发育。但一次性投资大，建筑造价高，光照、通风、降温等都离不开电源，对电源的依赖性很强，耗电量很大，没有电源保证就不能使用。由于密闭式鹅舍饲养密闭度很大，夏天必须有良好的通风和降温设施，否则会有热死鹅的现象。这种鹅舍适用于大规模肉用鹅生产和寒冷地区采用。

三、鹅舍各部结构

1.地基

地基指墙突入地面的部分，是墙的延续和支撑，决定了墙和鹅舍的坚固和稳定性，主要作用是承载重量。要求基础要坚固、抗震、抗冻、耐久，应比墙宽10～15厘米，深度为

50厘米左右，根据鹅舍的总荷重、地基的承载力、土层的冻胀程度及地下水情况确定基础的深度，基础材料多用石料、混凝土预制或砖。如地基属于黏土类，由于黏土的承重能力差、抗压性不强，基础应设置得深厚一些。

2.墙壁

墙是鹅舍的主要结构，对舍内的温度、湿度状况起重要作用（散热量占35%～40%）。墙具有承重、隔离和保温隔热的作用。墙体的多少、有无，主要决定于鹅舍的类型和当地的气候条件。要求墙体坚固、耐久、抗震、耐水、防火，结构简单，便于清扫消毒，要有良好的保温隔热性能和防潮能力。墙体材料可用砖砌或用彩钢瓦。砖砌厚度为24厘米，如要增加承重能力，可以把房梁下的墙砌成37厘米。彩钢瓦墙体厚度10厘米。

3.门、窗

门、窗的大小关系到采光、通风和保暖，有窗式鹅舍的门、窗面积较大，窗地面的高度为50厘米，高1.2～1.8米，宽1.8～2米。窗的面积为地面面积的15%～20%。

鹅舍的门高为2米并设在一头或两头，宽度以便于生产操作为准，一般单扇门宽1米，双扇门宽1.6米左右。

4.屋顶的式样

屋顶具有防水、防风沙，保温隔热的作用。屋顶的形式主要有双坡屋顶（两窗户中间的屋顶安装一个80厘米×80厘米的带盖天窗，见彩图2）、平屋顶、拱形屋顶。要求屋顶防水、保温、耐久、耐火、光滑、不透气，能够承受一定重量，结构简便，造价便宜。屋顶高度一般地区净高3～3.5米（墙高2米，屋顶架高1.5米），严寒地区为2.4～2.7米，如是高床式鹅舍，鹅舍走道距大梁的高度应达到2米以上，避免饲养管理人员工作时碰头或影响工作。屋顶材料多种多样，有水泥预制屋顶、瓦屋顶、石棉瓦和彩钢瓦屋顶等。石棉瓦和彩钢瓦屋顶内面要铺设隔热层，提高保温隔热性能。简便的天棚是在屋梁下钉一层塑料布。

5.地面

地面结构和质量不仅影响鹅舍内的小气候、卫生状况，还会影响鹅体及产品的清洁，甚至影响鹅的健康。要求鹅舍的地面高出舍外地面至少30厘米，平坦、干燥，有2%～3%的坡度，并设排水通道以便舍内污水的顺利排出，排水通道要有防鼠及其他动物进入的设施，如铁网等。地面和墙裙要用水泥硬化，在潮湿地区修建鹅舍时，铺设水泥地面前要铺设防水层，防止地下水湿气上升，保持地面干燥。舍外要设有30厘米宽排水沟到场外污水处理设施。

6.鹅舍的跨度

鹅舍的跨度一般为9～12米，净宽8～10米，过宽不利于通风；鹅舍长度为50～80米，每间3米。也可根据饲养规模、饲养方式、管理水平等诸多具体情况而定。

7.鹅舍内人行过道

多设在鹅舍的中间或两侧，宽为1.2米左右。

第四节　肉用鹅生产所需物资

鹅舍、设备对于日常饲养管理、产品的数量与质量、安全生产、劳动效率、投资规模和生产费用等都有着密切关系。为了便于鹅场生产管理，各种养鹅设备应符合轻巧灵活，体积小，易搬动；噪声小，转动平稳；调节方便，容易操作；结构简单，便于修理；节省能源，安全可靠；方便消毒，经济耐用的要求。

一、垫料

地面平养就是在铺有垫料的地面上饲养雏鹅，这种育雏方式最为经济，简单易行，无需特殊设备。缺点是雏鹅直接与垫料和粪便接触，卫生条件差，易感染疫病，并且要占用较大的房舍面积。另外，为保持垫草干燥，需要经常翻动和更换垫草，劳动量较大。

1.垫料的种类

垫料的种类很多，总的要求是干燥清洁，吸湿性好，无毒，无刺激，无霉变，质地柔软。常用的垫料有稻壳、铡碎的稻草及干杂草、干树叶、秸秆碎段、细沙、锯末、刨花等。麦秸、稻草需铡成5～10厘米长短。

2.垫料的铺设

经过消毒的垫料在鹅舍熏蒸消毒前铺好，可采用更换垫料育雏和加厚垫料育雏两种方法。

更换垫料育雏是将雏鹅养育在铺有5～6厘米厚的清洁而干燥的垫料上，当垫料被粪尿污染时，要及时用新垫料予以更换。不及时更换垫料，幼雏易患球虫等寄生虫病、肠胃病，易造成鹅间生长不一致及饲料浪费。

加厚垫料育雏是在地面上先铺一层熟石灰后，铺上8～10厘米厚的垫料层，当垫料被粪尿污染后，及时加铺一层4～5厘米厚的新垫料，直到厚度增至20厘米为止。此法不更换垫料，垫料在育雏结束时一次清除，可省去经常更换垫料的繁重劳动同时减少鹅的应激，垫料发酵产生的热可供雏鹅取暖。

地面平养要用育雏围栏（材料用竹围栏、木板、纸板或铁皮均可）在育雏室内围成若干小区，围栏的作用是将雏鹅限定在一个较小的范围内栖息、活动，这样雏鹅不会因离保温器太远而受寒，又容易找到饮水和饲料。以后随着雏鹅日龄的增长、自我调节温度的能力增强而逐渐扩大围栏的范围，即扩大了雏鹅的活动空间，又不致受热。如果育雏室内温度较低，将育雏围栏围在保温器伞盖下方，可以护热，不使热量很快散去。育雏围栏的高度以雏鹅跳跃不出为宜，一般50厘米即可。育雏围栏围成小区的长与宽取决于所采用的保温设备及每群育雏数量的多少等。用斗形或伞形保温器保温（保温伞直径100厘米左右），一般情况下小区的长与宽约1.5～2米，如果室温较低，可直接将育雏围栏围在保温器伞盖下方，以护热，则小区的大小与保温器伞盖的覆盖范围相当。直接用红外线灯泡供热保湿，则宜将育雏围栏围在灯泡下的较小范围内。育雏围栏围成的小区大小在开始育雏时可小些，以后逐渐扩大。具体围多少个小区，要根据育雏规模确定。

二、网床

采用网床养殖者，根据鹅舍的大小，一般每栋鹅舍靠房舍一边摆放1个网床或者两边摆放2个网床，中间留1～1.2米的过道。网床离地面的距离一般为50厘米，网上平养一般都用手工操作，有条件的可配备自动供水、给料、清粪等机械设备。

网上平养设备一般由竹板、塑料绳（市场有售）或铁丝搭建。

　　竹竿（板）网上平养（见彩图3）网床的搭建是选用2厘米左右粗的竹竿（板），平排钉在木条上，竹竿间距1.5厘米左右（条板的宽为2.5厘米，间隙为1.5厘米），制成竹竿（板）网架床，然后在架床上面铺15毫米×15毫米的塑料网，鹅群就可生活在竹竿（板）网床上。这种方式要保证网面平整，网眼整齐，无刺及锐边。

　　用塑料绳（见彩图4）搭建时，采用6号塑料绳者绳间距4厘米、8号塑料绳绳间距5厘米（图2-3），地锚深1米，用紧线器锁紧。

图2-3　塑料绳网床的铺设

　　塑料网片宽度有2米、2.5米、3米等规格，长度可根据养殖房舍长度选择，塑料网可采用15毫米×15毫米网目规格，围网高为50厘米。

　　栏内留一定面积的采食、饮水的场地，一般采食面积与空置面积比为1∶25。

三、加温保温设备

育雏时无论采用"一段式"养殖还是"两段式"养殖都必需有保温设备和用具，保温设备和用具大多数与鸭的育雏保温设备和用具相似，各地可以根据本地区的特点选择使用。

1.红外线灯

红外线灯能散发出较大的热量。在春季温暖的地区，或者选择在比较温暖的季节育雏，需要补充的热量不是很大，可采用红外线灯取暖。为了增强红外线灯的取暖效果，应制作一个大小适宜的保温灯伞，其伞部与保温伞相似。一般红外线灯泡的悬吊高度炎热的夏季离地面 40～50 厘米，寒冷的冬季离地面约 35 厘米。随着鹅日龄的增加和季节的变化，应逐渐提高灯泡高度或逐渐减少灯泡数量，以逐渐降低温度。一盏 275 瓦红外线灯泡可供 100～250 只雏鹅保温（图2-4）。

此法的优点是舍内清洁，垫料干燥，但耗电多，供电不稳定的地区不宜采用，若与火炉或地下烟道供热结合使用效果较好。

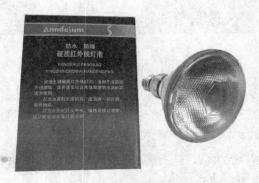

图2-4 红外线灯

2.热风炉

热风炉（见彩图5）是集中式采暖的一种，近年来采用较多，多安装在鹅舍内，蒸汽或预热后的空气，通过管道输送到舍内各处。鹅舍采用热风炉采暖，应根据饲养规模确定不同型号，如210兆焦热风炉的供暖面积可达500平方米，420兆焦热风炉供暖面积可达800～1000平方米。

3.烟道供温

烟道供温有地上水平烟道和地下烟道两种。

地上水平烟道是在育雏室墙外建一个炉灶，根据育雏室面积的大小在室内用砖砌成一个或两个烟道，一端与炉灶相通。烟道排列形式因房舍而定。烟道另一端穿出对侧墙后，沿墙外侧建一个较高的烟囱，烟囱应高出鹅舍1～2米，通过烟道对地面和育雏室空间加温。

地下烟道与地上烟道相比差异不大，只不过室内烟道建在地下，与地面齐平。烟道供温应注意烟道不能漏气，以防煤气中毒。烟道供温时室内空气新鲜，粪便干燥，可减少疾病感染，适用于广大农户养鹅和中小型鹅场。

4.煤炉供温

煤炉是我国广大农村，特别是北方常用的供暖方式。可用铸铁或铁皮火炉，燃料用煤块、煤球或煤饼均可，用管道将煤烟排出舍外，以免舍内有害气体积聚。保温良好的房舍，每20～30平方米设1个煤炉即可。

此法适合于各种育雏方式，但若管理不善，舍内空气中烟雾、粉尘较多，在冬季易诱发呼吸道疾病。因此，应注意适当通风，防止煤气中毒。

5.热水供温

利用锅炉和供热管道将热水送到鹅舍的散热器中，然后提高舍内温度。此法温度稳定，舍内卫生，但一次投入大，运行成本高，适用于大型鹅场。

6.保温伞

各种类型育雏伞外形相同，都为伞状结构，热源大多在伞中心，仅热源和外壳材料不同，具体可据当地实际择优选用。一般常选用由电力供暖的电热育雏伞，伞内温度可自动控制，管理方便，电源稳定地区使用较好。伞罩有方形、多角形和圆形，伞罩上部小，直径约30厘米，下部大，直径约100～120厘米，高约70厘米。伞罩外壳用铁皮、铝合金或纤维木板制成双层夹层填充玻璃纤维等保温材料，有的也用布料作外壳，仅在其内层涂一层保温材料，这样伞具就可折叠。伞罩下缘安装一圈电热丝，电热丝外加防护铁网以防触电，也有的在内侧顶端安装电热丝或远红外加热器，并与自动控温装置相连。伞下缘每10厘米钉上厚布条。每个电热育雏伞悬挂或置于地面，可育雏鹅150～200只。

四、饲喂设备

1.喂料设备

喂料设备很多，可分为普通喂料设备和机械喂料设备两大类，对于中小型养鹅者来说，机械喂料设备投资大，管理、维修困难，因此宜采用普通喂料设备手工添料方式，借助手推车装料，一名饲养员可以负担2000～3000只鹅的饲养量。普通喂料设备具有取材容易、成本低、便于清洗消毒与维护等优点，深受广大养鹅户的喜爱。

普通喂料设备目前多使用料盘、料桶、料槽。料盘随鹅大小与饲养方式而异，但各种食槽都要求平整光滑，便于鹅采食又不浪费饲料，并便于清洗消毒。不论采用何种喂料设备和给料方式，都必须合理安放喂料设备的位置，使喂料设备与鹅的胸部平齐。

（1）料盘：主要用于开食，其长40厘米，宽40厘米，边缘高2～2.5厘米，每个料盘可养雏鹅35～40只。

（2）料桶：可用于各个饲养阶段，料桶材料多为塑料，容量为3～10千克，其特点是容量大，可一次添加大量饲料，饲喂次数少，对鹅群影响小，但应注意布料均匀。每个桶可供30余只鹅自由采食用。

（3）自动喂料系统：由人工加料于料箱，其余全部是自动化喂料。该系统包括驱动器、料箱、料槽、输料管和转角器，饲料在驱动器钢缆带动下，经料箱和输料管进入料槽供鹅采食。

2.饮水设备

供鹅饮水的设备，其形式和花样多种多样，目前，生产中常使用的饮水器主要有塔形真空饮水器和吊式自动饮水器等。

（1）塔形真空饮水器：塔形真空饮水器多由尖顶圆桶和直径比圆桶略大的底盘构成。

圆桶顶部和侧壁不漏气，基部离底盘高2.5厘米处开有1～2个小圆孔。利用真空原理使盘内保持一定的水位直至桶内水用完为止。这种饮水器构造简单、使用方便，清洗消毒容易。

塔形真空饮水器的容量1～3升，盘的直径为160～220毫米，槽深25～30毫米，可供鹅只数量70～100只。

（2）吊式自动饮水器：吊式自动饮水器具有节约饮水、调节灵活、清洁卫生的优点，但投资较大，水箱、限压阀、过滤器等部件必须配好，并严格管理，否则容易漏水。吊式自动饮水器饮水盘直径 260 毫米，饮水盘高度 53 毫米，饮水盘容水量为 1 千克，可供 50～80 只鹅使用，饮水器的高度应根据鹅的不同周龄的体高进行调整。

（3）长条饮水器：即长条形水槽，断面一般呈"V"字形、"U"字形。其大小可随鹅的饲养阶段（即日龄）而异，肉用仔鹅水槽宽 20 厘米，高 12 厘米。

五、通风设备

鹅舍的通风分自然通风和机械通风两种，但通常是自然通风和机械通风结合使用。在设计通风系统时，不仅要考虑鹅的饲养密度和当地最高气温，而且要注意通风均匀，应参考每只鹅的换气标准量与饲养只数，计算出需要的换气量，然后根据待安装的风机性能算出应配备的风机台数。

1.自然通风

自然通风则使用窗口，在自然风力和温差的作用下进行，窗口总面积（在华北地区）一般为建筑面积的 1/3 左右。为了鹅舍内通风均匀，窗口应对称且均匀分布。为了调节通风量，还可把窗子做成上下两排，根据通风量要求开关部分窗户，既可利用自然风力，又利用温差的通风作用。比较理想的窗户结构分为三层装置，内层为铁丝网，有利于防止野鸟类入舍和防止兽害等，中间是玻璃窗框架，外层是塑料薄膜主要用于冬季保温。

自然通风主要利用门窗和天窗（80 厘米 ×80 厘米的带

盖天窗）的开闭程度来调节通风量。当外界风速较大或内外温差大时通风效果明显；夏季天气闷热、风速小时，自然通风效果不大。这种通风方式简单、投资少，但难以随时保证所需的良好通风状态。

2.机械通风

鹅舍的机械通风方式主要包括两种，即横向式通风和纵向式通风，这两种通风方式各有利弊，在鹅舍设计中可根据具体实际选用适宜的方式。

（1）横向式通风：当鹅舍长度较短跨度不超过10米时，多采用横向式通风。横向式通风主要有正压系统和负压系统两种设计。

所谓正压通风系统是靠风机将外界新鲜空气吸入舍内，使舍内空气因气压增大又自行由排气口排出舍外的气体交换方式，该系统虽然可调节舍内温度，改善舍内空气分布状况，减少舍内贼风等，但因其具有设备成本高，费用大，安装难度大，适用范围较窄等缺点，故在生产实践中，使用较少。

应用比较普遍的是负压通风系统，模向式负压通风系统设计安装方式较多，较广为采用的主要是穿透式通风。穿透式通风是指将风机安装在侧墙上，在风机对侧墙壁的对应部位设进风口，新鲜空气从进风口流入后，穿过鹅舍的横径，排出舍外。此通风设计要求排风量稍大于进气量，使舍内气压稍低于舍外气压，有利于舍外新鲜空气在该负压影响下，自动流进鹅舍。一般的空气流速夏季为0.5米/秒，冬季为0.1～0.2米/秒，此可用球式风速计测定。测定了空气流速及通风面积后，便可计算出通风量。通风量（立方米/小时）=3600×通风面积（平方米）×空气流速（米/秒）。

（2）纵向式通风：当鹅舍长度较长，达80米以上，跨度在10米以上时，则应采用纵向式通风，这样，既优化了鹅舍通风设计的合理性，降低了安装成本，也可获得较理想的通风效果。纵向式通风是指将风机安装在鹅舍的一侧山墙上，在风机的对面山墙或对面山墙的两侧墙壁上设立进风口，使新鲜空气在负压作用下，穿进鹅舍的纵径排出舍外。实行纵向通风，6500立方米/小时排风量的风机安装3台，9500立方米/小时排风量的风机安装2台，安装高度可在网上60～80厘米处，排风机的扇面应与墙面成100°角，可增加10%的通风效率，空气流速为2.0～2.2米/秒，每台风机的间距以2.5～3.0米为宜。有关通风量的计算请参见横向式通风系统。因鹅舍纵向式通风系统具有设计安装简单、成本较低，通风和降温效果良好等优点，在目前养鹅生产上已广为采用。

六、清粪设备

清粪机械在养鹅生产中不仅可以大大地提高劳动生产率，而且还能有效地影响鹅的生产，增加经济效益。

1.结构原理

刮粪板方式简单易行，主要用于平养鹅舍中。机械组成主要有电动机（最大功率1.5千瓦，3千瓦）、减速器（减速器的减速比一般为1∶（40～60））、刮板（刮板每分钟行走2～3米）、钢丝绳或亚麻绳与转向开关等设备（见彩图6）。通过各部件配合牵动刮粪板在粪沟内来回移动达到清粪效果。

2.安装要求

可使用220伏单相电源，安装示意图见图2-5。

图2-5 刮粪机安装示意图

（1）粪槽表面应为水泥（或其他坚硬材料）地面，表面平整光滑，牵引方向（纵向）坡度应不大于0.3%，横向水平度不大于0.2%，斜度只允许向运动方向倾斜，表面不得有凹坑沟槽。

（2）牵引绳（链）的绳轮（链轮）与转角轮沟槽中心线应在同一平面，偏差不得大于10毫米。

（3）转角轮与绳轮的安装应牢固可靠。

（4）限位清洁器及清洁器与牵引绳中心应对正，牵引绳不得碰磨清洁器与压板中心槽内壁。

（5）刮粪板工作时,在整个宽度上刀口应与地面接触良好。刮板起落灵活，无卡碰现象。

（6）清粪机空运转时不得有异响。牵引绳不得有抖动，工作应平稳。

（7）安全离合器在允许负荷内，应结合可靠，超过负荷时应能完全分离。

（8）往复清粪机相邻两个刮板工作行程的重叠长度应不小于1米。

（9）采用这种方式要注意机件各部位的保养与维修，特别是钢丝绳很容易腐蚀，要经常检查。

此外，还有利用高压水枪的冲力来清粪的。利用高压水枪清粪比较简单而且干净，但需较多量的水，且冲出舍外的鹅粪不便于作有机肥料使用，易造成对环境的污染。

七、清洗消毒设施

为做好鹅场的卫生防疫工作，保证鹅只健康，鹅场必须有完善的清洗消毒设施。设施包括人员、车辆的清洗消毒和舍内环境的清洗消毒设施。

1.人员的清洗、消毒设施

一般在鹅场入口处设有人员脚踏消毒池，外来人员和本场人员在进入场区前都应经过消毒池对鞋进行消毒。同时还要放洗手盆，里面放消毒水，出入鹅舍要消毒洗手，还应备有在鹅舍内穿戴的防疫服、防疫帽、防疫鞋。条件不具备者，可用穿旧的衣服等代替，清洗干净消毒后专门在鹅舍内穿用。

2.车辆的清洗消毒设施

鹅场的入口处设置车辆消毒设施，主要包括车轮清洗消毒池和车身冲洗喷淋机。

3.场内清洗、消毒设施

舍内清洗多采用高压水枪。舍内地面、墙面、屋顶及空气的消毒多用喷雾消毒和熏蒸消毒。喷雾消毒采用的喷雾器有背式、手提式、固定式和车式高压消毒器，熏蒸消毒采用熏蒸盆，熏蒸盆最好采用陶瓷盆或金属盆，切忌用塑料盆，以防火灾发生。

八、其他设备及用品

1.饲料加工设备

规模化的肉用鹅生产,大多采用全价配合饲料。因此,除"公司+农户"养殖模式由公司提供饲料外,其他养殖模式都必须备有饲料加工设备,对不同饲料原料,在喂饲之前进行一定的粉碎、混合和加工。

（1）饲料粉碎机:一般精、粗饲料在加工全价配合料之前,都应粉碎。粉碎的目的,主要是提高肉用鹅对饲料的消化吸收率,同时也便于将各种饲料混合均匀和加工成多种饲料（如粉状、颗粒状等）。在选择粉碎机时,要求机器通用性好（能粉碎多种原料）,成品粒度均匀,结构简单,使用、维修方便。

目前生产中应用最普遍的多为锤片式粉碎机,这种粉碎机主要是利用高速旋转的锤片来击碎饲料。工作时,物料从喂料斗进入粉碎室,受到高速旋转的锤片打击和齿板撞击,使物料逐渐粉碎成小碎粒,通过筛孔的饲料细粒经吸料管吸入风机,转而送入集料筒。

（2）饲料混合机:自行配料饲料混合机是不可缺少的重要设备之一。混合按工序,大致可分为批量混合和连续混合两种。批量混合设备常用的是立式混合机或卧式混合机,连续混合设备常用的是桨叶式连续混合机。生产实践表明,立式混合机动力消耗较少,装卸方便;但生产效率较低,搅拌时间较长,适用于小型饲料加工。卧式混合机的优点是混合效率高,质量好,卸料迅速;其缺点是动力消耗大,一般适用于大型饲料加工。桨叶式连续混合机结构简单,造价较低,适用于较大规模的专业户养鹅场使用。

（3）饲料压粒机：自行配料生产颗粒饲料还需要压粒机，目前生产中应用最广泛的是环模压粒机和平模压粒机。环模压粒机又可分为立式和卧式两种。立式环模压粒机的主轴是垂直的，而环模圈则呈水平配置；卧式环模压粒机的主轴是水平的，环模圈呈垂直配置。一般小型厂（场）多采用立式环模压粒机，大、中型厂（场）则采用卧式压粒机。

2.填饲机械

填饲机械常分为手动填饲和电动填饲机两类。

（1）手动填饲机：这种填饲机规格不一，主要由料箱和唧筒两部分组成。填饲嘴上套橡胶软管，其内径1.5～2厘米，管长10～13厘米。手动填饲机结构简单，操作方便，适用于小型鹅场使用。

（2）电动填饲机：电动填饲机又可分为两大类型。一类是螺旋推运式，它利用小型电动机，带动螺旋推运器，推运玉米经填饲管填入鹅食道。这种填饲机适用于填饲整粒玉米，效率较高。另一类是压力泵式，它利用电动机带动压力泵，使饲料通过填饲管进入鹅食道。这种填饲机采用尼龙和橡胶制成的软管做填饲管，不易造成咽喉和食道的损伤，也不必多次向食道捏送饲料，生产率也高，这种填饲机适合于填饲糊状饲料。

3.运输笼

用作专业户育肥鹅的运输，铁笼或竹笼均可，每只笼可容8～10只，笼顶开一小盖，盖的直径为35厘米，笼的直径为75厘米，高40厘米。

4.照明设备

因此鹅舍内应设有两套照明设备，一部分光线较弱，作为鹅群休息时用；一部分强光照明，供饲喂和刺激活动时用。

饲养雏鹅一般用普通电灯泡照明，灯泡以15瓦和40瓦为宜，1～6日龄用40瓦灯泡，7日龄后用15瓦灯泡。每20平方米使用一个，灯泡高度以1.5～2米为宜。若采用日光灯和节能灯可节约用电量50%以上。

5.干湿温度计

一栋鹅舍内至少悬挂2支干湿温度计。

6.饲料贮藏间

采用饲喂全价料的方式，鹅场可不设饲料加工房。自己加工饲料的鹅场，应根据饲养规模购置原料粉碎机、饲料搅拌机、饲料制粒机、成品料包装等设备、原料储存仓等。

饲料储存时间不宜过长，按储存3天的饲料量计，饲养后期5000只鹅每天每只自由采食耗料500克，则每天耗料500×5000=2500千克，3天需7500千克，可按储存8吨设计以满足需要。

7.其他设施

药品储备室、兽医化验室、解剖室、储粪场所及鹅粪无害化处理设施、配电室及发电房、场区厕所、塑料桶、小勺、料撮、秤（用来称量饲料和鹅体重）、铁锹、笤帚、叉子、水桶、刷子等可根据需要自行准备。

自行屠宰加工的养殖户还须配置屠宰加工设备等。

第三章　肉用鹅的营养与饲料

鹅生长发育过程中，需要从饲料中摄取多种养分。鹅的品种不同，需要养分的种类、数量、比例也不同。只有在养分齐全、数量适当和比例适宜时，鹅才能达到生理状态和生产性能均好，取得良好的经济效益。反之，可能会出现生产性能下降、产品质量降低及生病、死亡等问题。

第一节　肉用鹅的营养需求

鹅的营养需要包括用以维持其健康和正常生命活动的需要，以及用于供给产蛋、长肉、长毛等生产产品的营养需要。鹅为维持生命和生产所需的主要营养物质有能量、蛋白质、矿物质、维生素和水等。

1.能量

鹅的各种生理活动都需要能量。能量主要来源于日粮中的碳水化合物和脂肪，以及部分来源于体内蛋白质分解所产生的能量，鹅食入饲料所提供的能量超过生命活动的需要时，其多余的部分转化为脂肪，在体内贮存起来。鹅有通过调节采食量的多少来满足自身能量需要的能力。日粮能量水平低时采食量较多，反之则少。环境温度对能量需要影响较大，如果环境温度低于12.8℃，则大量的饲料消耗用于维持体温。

2.蛋白质

蛋白质是构成鹅体和鹅产品的重要成分，也是组成酶、激素的主要原料之一，与新陈代谢有关，是维持生命的必需养分，且不能由其他物质代替。蛋白质由二十多种氨基酸组成，其中鹅体自身不能合成必需由饲料供给的必需氨基酸是赖氨酸、蛋氨酸、异亮氨酸、精氨酸、色氨酸、苏氨酸、苯丙氨酸、组氨酸、缬氨酸、亮氨酸和甘氨酸。但是鹅对蛋白质的要求没有鸡、鸭高，其日粮蛋白质水平变化没有能量水平变化明显，因此有的学者认为蛋白质不是鹅营养的限制因素。有研究证明，提高日粮蛋白质水平对6周龄以前的鹅增重有明显作用，以后各阶段的增重与粗蛋白质水平的高低没有明显影响。通常情况下，成年鹅饲料的粗蛋白质含量宜为15%左右，雏鹅为20%即可。

3.矿物质

鹅的生长发育、机体的新陈代谢需要矿物质元素。矿物质在鹅体内含量虽然不多，仅占鹅体重的3%～4%，但在生理上却起着重要的作用，是鹅的骨骼、肌肉、血液必不可少的一种营养物质）许多机能活动的完成都与矿物质有关。通常把在体内含量高于0.01%的称为常量元素，包括钙、磷、钾、钠、氯、硫、镁等；把在体内含量低于0.01%的称为微量元素，包括铁、铜、锌、锰、碘、硒、钴等。因此，矿物质是保证鹅生长发育必不可少的营养物质。

4.维生素　维生素既不提供能量，也不是构成机体组织的主要物质。它在日粮中需量很少，但又不能缺乏，是一类维持生命活动的特殊物质。维生素有脂溶性和水溶性之分，脂溶性维生素有维生素A、维生素D、维生素K、维生素E，水溶性维生素有维生素C、维生素B_1、维生素B_2、维生素B_6、维生素B_{12}等。大多数维生素在鹅体内不能合成，有的虽能合成，但不能满足需要，必需从饲料中摄取。舍饲期间，当青饲料供应少时，要注意添加维生素，维生素添加剂的用法与用量请参照说明书使用。

5.水

水是鹅体组成的重要成分，一切生理活动都离不开水。因此水是鹅维持生命、生长和生产所必需的营养素。水分约占鹅体重的70%，水是进入鹅体一切物质的溶剂，参与物质代谢，参加营养物质的运输，能缓冲体液的突然变化，协助调节体温。据测定，鹅食入1克饲料要饮水3.7克，在气温12～16℃时，鹅平均每天饮水1000毫升。"好草好水养肥鹅"，说明水对鹅的重要。因此，对于集约化鹅的饲养，要注意满足饮水需要。

第二节　肉用鹅常用饲料的选择

饲料是鹅获得营养进行生产和生命维持活动的基础，也是养鹅生产的主要成本组成部分。对鹅来说，饲料种类很多，根据饲料营养特性可以分为能量饲料、蛋白质饲料、青绿饲料、粗饲料、矿物质饲料和饲料添加剂等。根据饲料性状可分为籽实类、糠麸糟渣类、蛋白类、青绿多汁类和其他添加剂类。

一、购买饲料

目前，国内还没有肉用鹅专用饲料型号，"公司+农户"、"公司+基地+农户"养殖模式的养殖者需采用公司提供的饲料，专业户饲养模式的养殖者可以采用信誉较好的中型或大型饲料厂生产的价格适中的肉用鹅专用全价颗粒饲料、预混料。不要贪图便宜，到一些小型饲料加工厂或代销处购买无商标、无批准文号、无检验合格证的饲料。

二、自配饲料

专业户饲养模式的养殖者可以自行配制饲料。

（一）肉用鹅的常用饲料种类

规模化养鹅使用的是配合全价饲料，配合全价饲料是由多种饲料原料按一定比例混合而成。饲料通常可以分为能量饲料、蛋白质饲料、青绿饲料、矿物质饲料、维生素饲料及饲料添加剂等。

1.能量饲料

能量饲料是指那些富含碳水化合物和脂肪的饲料，干物质中粗纤维含量在18%以下，粗蛋白质含量在20%以下。这类饲料主要包括禾本科的谷实（包括玉米、稻谷、大麦、小麦、麦秕、碎米、燕麦、高粱、杂草籽等）、麸糠（包括米糠、麸皮、玉米糠等）及块根、块茎类（包括木薯、甘薯、马铃薯、胡萝卜、南瓜、糖甜菜等）、糟渣类（糠渣、酒糟、甜菜渣、味精渣等）以及动、植物油脂等，是鹅饲料的主要成分，用量占日粮的60%左右。

2.蛋白质饲料

蛋白质饲料是指干物质中粗纤维含量在18%以下，粗蛋白含量大于或等于20%的饲料。可分为动物性蛋白质饲料、植物性蛋白质饲料，动物性蛋白质饲料包括鱼粉、肉粉及肉骨粉、血粉、羽毛粉，蚕蛹粉、河蚌、螺蛳、蚯蚓、小鱼、蝇蛆、黄粉虫等；植物性蛋白质饲料包括大豆饼（粕）、菜籽饼（粕）、棉仁饼（粕）、花生饼（粕）、亚麻籽饼（胡麻籽饼）、葵花子饼（粕）、豆腐渣等。

3.矿物质饲料

各类饲料都或多或少地含有矿物质，但在一般情况下不能满足鹅的矿物质需要，因此，要用矿物质饲料加以补充，以促进雏鹅的生长发育。常用矿物质饲料包括骨粉、贝壳粉、蛋壳粉、石灰石（不含氟）、食盐、沙粒等。

4.青绿饲料

青绿饲料是指水分含量为60%以上的青绿饲料、树叶类及瓜果类。青绿饲料富含胡萝卜素和B族维生素，并含有一些微量元素，适口性好,对鹅的生长及维持健康均有良好作用。常见的青绿饲料有青草、水草、白菜、青菜、苦荬菜、包菜，以及无毒的野菜，藻草类含有丰富的维生素和矿物质，主要有虾藻（柳叶藻）、金鱼藻、水青草、稗草，此外还有水浮莲、水葫芦以及人工栽培的牧草等，叶粉类如红薯叶、松针叶等。冬春季没有青绿饲料，可喂苜蓿草粉、洋槐叶粉、松针粉或芽类饲料，同样会收到良好效果。

青绿饲料对鹅的适口性佳，消化率高，蛋白质品质好，生物学价值高，维生素等其他营养物质全面。但青绿饲料及不同种类均有一定营养局限性，在饲喂时能做到合理搭配和正确使用，可避免个别营养成分缺乏。如禾本科和豆科青绿饲料的搭配；水生和瓜果蔬菜类饲料含水量过高，总营养成分少，应适当增加精饲料比例；少数青绿饲料中含有对鹅体影响的成分，应注意饲喂量或作适当的处理。

5.饲料添加剂

鹅常用的添加剂有维生素、微量元素、氨基酸（赖氨酸和蛋氨酸）、抗生素、饲料防霉剂、抗氧化剂等，添加到日粮中，可起到不同的作用，如增加营养，促进生长，增进食欲，防止饲料变质，改善饲料及畜产品品质，进一步提高鹅的生产性能。

（1）维生素添加剂：鹅的多数维生素能从青绿饲料中获得，但在实际生产中和不同生长条件下，饲料的单一或变化或青绿饲料供应不足可引起某些维生素的缺乏或需求量增加，应由维生素添加剂补充。维生素添加剂种类很多，并分脂溶性和水溶性两大类，可根据具体要求选择使用，也可选择不同用途的复合维生素。

（2）氨基酸添加剂：有些必须氨基酸在日粮中不能满足，可用氨基酸添加剂补充，最常见的氨基酸添加剂有赖氨酸和蛋氨酸两种，雏鹅对赖氨酸需求量较大，补充赖氨酸添加剂，能提高生长速度。

（3）微量元素添加剂：根据鹅日粮对不同矿物元素的需求，有针对性地添加微量元素添加剂，以达到日粮营养成分满足鹅需要的目的。这类添加剂种类很多，如硫酸铜、硫酸亚铁、亚硒酸钠、碘化钾和有机性螯合类矿物元素添加剂。

微量元素添加剂在日粮中添加量很少，因此，要特别注意混合均匀，否则日粮中某一部分含量过多或过少均会给鹅生长发育造成不良影响。使用的微量元素添加剂必须干燥。

（4）非营养性添加剂：这类添加剂不是鹅必需的营养物质，但在日粮中添加可产生各种良好效果。在实际生产中可根据不同要求进行选择使用，但在应用非营养性添加剂时应注意对环境和鹅产品质量有否影响，添加物不能有毒、残留，符合国家有关法律、法规和安全畜产品生产标准要求。

①保健促生长剂：抗生素、活菌制剂、中草药制剂和其他一些人工合成化合物（激素、杀虫剂等）有预防疾病、保证健康和促进生长作用。使用时要做到因地制宜，适当控制用量，特别是在育肥后期应慎用或不用抗生素和人工合成化合物，确保产品的无公害。活菌制剂（酵母、益生素等）和中草药添加剂在养鹅生产中值得开发应用。

②食欲增进剂、酶制剂：香料、调味剂等食欲增进剂在鹅饲料中应用不多。但各种酶类添加剂可促进营养物质的消化，提高饲料的转化效率。

③饲料品质改善添加剂：抗氧化剂能防止饲料氧化变质，保护必需脂肪酸、维生素等不被破坏。

④防霉剂：抑制霉菌生长，防止饲料发霉。常用的有丙酸钠、丙酸钙等。

⑤酶制剂：日粮中的碳水化合物、蛋白质、脂肪等都需要经过内源酶分解再被鹅吸收，因此，在饲料中添加一些复合酶制剂，可以有效地提高对各种营养成分的吸收和利用。复合酶常包括淀粉酶、蛋白酶、脂肪酶以及纤维素酶等。

⑥菌制剂：菌制剂又称EM，即有益微生物。在饲料中添

加EM可以抑制鹅体内的有害菌，提高鹅的抗病力，同时对提高饲料利用率也有一定作用。另外还可减少氨和其他有害气体的产生，对改善环境有一定作用。

（5）使用饲料添加剂注意事项

①正确选择：目前饲料添加剂的种类很多，每种添加剂都有各自的用途和特点。因此，应充分了解它们的性能，然后结合饲养目的、饲养条件及健康状况等，选择使用。但不允许在饲料中额外添加增色剂，如砷制剂、铬制剂、铜制剂、免疫因子等。

②用量适当：用量少达不到目的，用量多既增加饲养成本还会中毒。用量多少应严格遵照生产厂家在包装上的使用说明。

③搅拌均匀程度与效果：饲粮中混合添加剂时，要必须搅拌均匀，否则即使是按规定的量添加，也往往起不到作用，甚至会出现中毒现象。若采用手工拌料，可采用三层次分级拌和法，具体做法是先确定用量，将所需添加剂加入少量的饲料中，拌和均匀，即为第一层次预混料；然后再把第一层次预混料掺到一定量（饲料总量的 1/5 ～ 1/3）饲料上，再充分搅拌均匀，即为第二层次预混料；最后再把二层次预混料掺到剩余的饲料上，拌均即可。这种方法称为饲料三层次分级拌合法。由于添加剂的用量很少，只有多层次分级搅拌才能混均。

④混于干粉料中：饲料添加剂只能混于干饲料（粉料）中，短时间贮存待用才能发挥它的作用。不能混于加水的饲料和发酵的饲料中，更不能与饲料一起加工或煮沸使用。

⑤贮存时间不宜过长：大部分添加剂不宜久放，特别是

营养添加剂、特效添加剂，久放后容易受潮发霉变质或氧化还原而失去作用，如维生素添加剂、抗生素添加剂等。

（二）饲料的配制方法

1.预混料配制

预混料按说明书添加配料，经过5～6次混合搅拌，即成全价配合饲料。

2.自配饲料参考配方

（1）1～28日龄雏鹅精料参考配方

配方一：碎米50%，米糠10%，麸皮10%，豆饼24%，大麦芽3%，骨粉1.8%，食盐0.4%，砂粒0.8%。

配方二：黄玉米粉48%，豆粕20%，小麦次粉12%，碎大麦10%，青干草粉3%，鱼粉5%，石粉0.5%，微量元素添加剂0.25%，维生素添加剂0.6%，砂粒0.75%。

配方三：玉米粉53%，豆饼33%，小麦麸10%，骨粉2.5%，食盐0.5%，禽用多维素0.3%，砂粒0.7%。

配方四：玉米粉50%，鱼粉8%，豆饼10%，麦麸15%，草粉15%，骨粉0.7%，食盐0.3%，生长素1%。

（2）29日龄～出栏育肥鹅精料参考配方

①自食饲料配方

配方一：玉米35%，面粉26.5%，米糠30%，豆类5%，贝壳粉2%，骨粉1%，食盐0.5%。

配方二：玉米35%，油枯10%，小麦20%，米糠20%，麦麸10%，贝壳粉5%。

配方三：玉米43.5%，稻谷15%，麦麸20%，米糠10%，菜枯10%，骨粉1%，食盐0.5%。

配方四：玉米粉35%，麦麸15%，草粉18%，蚕蛹15%，菜籽饼15%，骨粉0.7%，食盐0.3%，生长素1%。

②填饲饲料参考配方

配方一：玉米59.5%，米糠24%，豆饼5.6%，麸皮10%，食盐0.5%，细砂0.3%，多种维生素0.1%。

配方二：玉米53.2%，米糠24%，豆饼粉5%，麦麸15%，骨粉2%，食盐0.5%，细砂0.3%。

配方三：玉米40%，高粱15%，麦麸10%，小麦23.5%，油枯7%，贝壳粉4%，食盐0.5%。

（三）饲料的加工调制

对养鹅场与养鹅户而言，青粗饲料是主要的加工对象。青粗饲料经过适当调制后，能改变其原来的物理、化学性质，从而增进饲料的适口性、消化率和营养价值，消除有毒、有害因子，节省饲料，降低生产成本，提高养殖效益。

1.青绿饲料的加工

为了保证鹅的正常生长发育和生产，需要经常不断地提供足量的饲草和饲料。在精饲料保证的前提下，优质青绿多汁饲料得到常年均衡的供应，才能获得养鹅生产的高产、稳产、优质、高效，从而提高养鹅的经济效益。由于青绿多汁饲料生产的季节性，供草期较相对集中，而鹅需青饲料是常年不断的。因此，夏秋多余牧草可自然晒干制成干草后粉碎作草粉喂鹅，春季过剩牧草因雨水多难制干草，则可作青贮处理，大规模有条件的可进行机械烘干和制成草颗粒。

根据青绿饲料种类不同，鹅的日龄不同，一般需进行加工后才能喂鹅。

（1）切碎法：青绿、多汁饲料中的鲜草、块根、块茎、瓜类等，应洗净、切碎后喂鹅，既便于采食，防止挑食，又利于消化吸收。鲜草切碎长度，育肥鹅一般在0.5～1.5厘米。多汁饲料可切成小块状或丝条状。切碎后的青绿饲料可拌精饲料、粗饲料一起饲喂，应随切随喂，保持新鲜度。

（2）打浆：在利用青草养鹅时，一般应将采集的青草洗净、切碎而后打成青草浆喂鹅。这样鹅只易于采食、消化和吸收。采用何种调制方法，应视鹅的年龄和用途而定。如雏鹅多采用粒料（小米）或碎粒料，一般进行浸泡或蒸煮后喂；而肉用鹅、种鹅多采用湿拌混合粉料进行饲喂；生产鹅肥肝的填肥饲料则以整粒玉米经浸泡和蒸煮后再加入适量的食盐、食油和维生素，仔细拌匀后填喂。

（3）干燥法：干燥的牧草及树叶经粉碎加工后，可供作配合鹅饲粮的原料，以补充饲粮中的粗纤维、维生素等营养。

青绿饲料收割期为禾本科植物由抽穗至开花，豆科从初花至盛花，树叶类在秋季，其干燥方法可分为自然干燥和人工干燥。

自然干燥是将收割后的牧草在原地暴晒5～7小时，当水分含量降至30%～40%时，再移至避光处风干，待水分降至16%～17%时，就可以上垛或打包贮存备用。堆放时，在堆垛中间要留有通气孔。我国北方地区，干草含水量可在17%限度内贮存，南方地区应不超过14%。树叶类青绿饲料的自然干燥，应放在通风好的地方阴干，要经常翻动，防止发热和日晒，以免影响产品质量。待含水量降到12%以下时，即可进行粉碎。粉碎后最好用尼龙袋或塑料袋密封包装贮藏。

人工干燥的方法有高温干燥法和低温干燥法两种。高温干燥法在800～1100℃下经过3～5秒钟，使青绿饲料的含水量由60%～85%降至10%～12%；低温干燥法以45～50℃处理，经数小时使青绿饲料干燥。

青绿饲料的人工干燥，可以保证青绿饲料随时收割、随时干燥、随时加工成草粉，可减少霉烂，制成优质的干草或干草粉，能保存青绿饲料养分的90%～95%。而自然干燥只能保持青绿饲料养分的40%，且胡萝卜素损失殆尽。但人工干燥工艺要求高，技术性强，且需一定的机械设备及费用等。

2.能量饲料的加工

能量饲料的营养价值和消化率一般都比较高，但是能量饲料籽实的种皮、壳、内部淀粉粒的结构等，都能影响其消化吸收，所以能量饲料也需经过一定的加工，以便充分发挥其营养物质的作用。

（1）粉碎：稻谷、小麦、蚕豆、玉米等饲料，由于有坚硬的外壳和表皮，不易被消化吸收，对消化机能差的雏鹅更是如此。因此，必须经过粉碎或磨细后才能饲喂，但不宜粉碎太细，否则不利于采食和吞咽，一般加工成直径2～3毫米的小颗粒为宜。

能量饲料粉碎后，与外界接触面积增大，容易吸潮和氧化，尤其是含脂肪较多的饲料，容易变质发苦，不宜长久保存。因此，能量饲料一次粉碎数量不宜太多。

（2）浸泡：较坚硬的谷实类如玉米、小麦和大米等，经浸泡变软后，鹅更喜食，也易消化。特别是雏鹅开食用的碎米，必须浸泡1小时后方可投喂，以利消化，但浸泡时间不宜过长，否则会引起饲料变质。糠麸类饲料要拌湿后饲喂，以防飞扬，减少浪费，并改善适口性，增加鹅的采食量。

（3）蒸煮：谷实、块根及瓜类饲料，如玉米、小麦、红薯、胡萝卜等，如蒸煮后喂可大大提高适口性和消化率。

3.蛋白质饲料的加工

蛋白质饲料包括棉籽饼、菜籽饼、豆饼、花生饼、亚麻仁等，蛋白质饲料由于粗纤维含量高，作为鹅饲料营养价值低，适口性差，需要进行加工处理。

（1）棉籽饼去毒主要通过以下几种方法。

①硫酸亚铁石灰水混合液去毒法：100千克清水中放入新鲜生石灰2千克，充分搅匀，去除石灰残渣，在石灰浸出液中加入硫酸亚铁（绿矾）200克，然后投入经粉碎的棉籽饼100千克，浸泡3～4小时即可。

②硫酸亚铁去毒法：可在粉碎的棉籽饼中直接混入硫酸亚铁干粉，也可配成硫酸亚铁水溶液浸泡棉籽饼。取100千克棉籽饼粉碎，用300千克1%的硫酸亚铁水溶液浸泡，约24小时后，水分完全浸入棉籽饼中，便可用于喂鹅。

③尿素或碳酸氢铵去毒法：以1%尿素水溶液或2%的碳酸氢铵水溶液与棉籽饼混拌后堆沤。一般是将粉碎过的100千克棉籽饼与100千克尿素溶液或碳酸氢铵溶液放在大缸内充分拌匀，然后先在地面铺好薄膜，再把浸泡过的棉籽饼倒在薄膜上摊成20～30厘米厚的堆，堆周用塑料膜严密覆盖。堆放24小时后，扒堆摊晒，晒干即可。

④加热去毒法：将粉碎过的棉籽饼放入锅内加水煮沸2～3小时，可部分去毒。此法去毒不彻底，故在日粮中混入量不宜太多，以占日粮的5%～8%为佳。

⑤小苏打去毒法：以2%的小苏打水溶液在缸内浸泡粉碎后的棉籽饼24小时，取出后用清水冲洗2次，即可达到去毒目的。

（2）菜籽饼去毒主要有土埋法、硫酸亚铁法、硫酸钠法、浸泡煮沸法。

①土埋法：挖1立方米容积的坑（地势要求干燥、向阳），铺上草席，把粉碎的菜籽饼加水（饼水比为1∶1）浸泡后装入坑内，2个月后即可饲用。

②硫酸亚铁法：按粉碎饼重的1%称取硫酸亚铁，加水拌入菜籽饼中，然后在100℃下蒸30分钟，再放至鼓风干燥箱内烘干或晒干后饲用。

③硫酸钠法：将菜籽饼掰成小块，放入0.5%的硫酸钠水溶液中煮沸2小时左右，并不时翻动，熄火后添加清水冷却，滤去处理液，再用清水冲洗几遍即可。

④浸泡煮沸法：将菜籽饼粉碎，把粉碎后的菜籽饼放入温水中浸泡10～14小时，倒掉浸泡液，添水煮沸1～2小时即可。

（3）大豆饼（粕）去毒法：一般采用加热法。将豆饼（粕）在温度110℃下热处理3分钟即可。

（4）花生饼去毒法：一般采用加热法。在120℃左右，热处理3分钟即可。

（5）亚麻仁饼去毒法：一般采用加热法。将亚麻仁饼用凉水浸泡后高温蒸煮1～2小时即可。

（6）鱼粉的加工：鱼粉加工有干法、湿法、土法3种。

干法生产是原料经过蒸干、压榨、粉碎、成品包装去毒的过程。湿法生产是原料经过蒸煮、压榨、干燥、粉碎包装去毒的过程。干、湿法生产的鱼粉质量好，适用于大规模生产，但投资费用大。

土法生产有晒干法、烘干法、水煮法3种。晒干法是原料经盐渍、晒干、磨粉去毒的方法。生产的是咸鱼粉，未经高温消毒，不卫生。含盐量一般在25%左右；烘干法是原料经烘干、磨碎而去毒的方法，原料里可不加盐，成品鱼粉含盐量较低，质量比前一种略好；水煮法是原料经水煮、晒干或烘干、磨粉过程去毒的方法。此法因原料经过高温消毒，质量较好。

4.颗粒料的加工

颗粒饲料是全价配合饲料加上结合剂经颗粒机压制而成，最大优点是进食营养全面，比例稳定，而且容易采食，采食量大，饲料浪费少，已为广大养鹅场所接受。

雏鹅的前期料大部分采用2.5～3毫米孔径的模板制成颗粒，再用破碎机破碎，后期料采用4～8毫米孔径的模板制成颗粒后不再破碎。颗粒饲料的优点是适口性好，鹅喜食、采食量多，保证了饲料的全价性；制造过程中经过加压加温处理，破坏了部分有毒成分，起到了杀虫、灭菌作用，饲料比较卫生，有利于淀粉的糊化，提高了利用率。但颗粒饲料制作成本较高，在加热加压时使一部分维生素和酶失去活性，宜酌情添加。制粒增加了水分，不利于保存。

第三节　饲喂方式

1.颗粒料、青饲料饲喂法

将颗粒料置于料桶上，将青饲料置于木架、板台、盆子或水面上，让鹅自由采食，一般每只鹅每天饲喂2～4千克。

这种方法主要适用于有大量适口青饲料的饲养户，如蔬菜产区的大量老叶和大量副产品如萝卜缨，以及利用冬闲田或山坡地种植的青饲料如黑麦草、象草等。

2.草浆饲喂法

将青饲料混合打浆，再与配合粉料搅拌，每天饲喂6餐，最后1餐在晚上10时饲喂。选用的青饲料要避免掺有有毒植物如高粱苗、夹竹桃叶、苦楝树叶等。

3.草粉全价颗粒料饲喂法

将草粉、苜蓿、松针、刺槐叶、花生藤等晒干或烘干，制成青绿色粉末与豆饼、玉米等配制成全价颗粒饲料，可用料盘1日分4餐饲喂，也可用自动料槽或料桶终日饲喂，采用这种方法，必须有充足的清洁饮水供应。此方法有利于规模化、集约化养鹅。

4.干拌配合粉料饲喂法

将青饲料如芭蕉茎叶、萝卜缨、胡萝卜、南瓜及其蔓藤等剁碎，拌上配合粉料，1天饲喂6餐，晚上饲喂1餐。

第四节　饲料保存

1.购买饲料的贮藏

购买的饲料包括全价饲料、预混饲料、浓缩饲料等。这些饲料因内容物不一致，贮藏特性也各不相同；因料型不同，贮藏性也有差异。

（1）全价颗粒饲料：全价颗粒饲料经蒸汽或水加压处理，已杀死绝大部分微生物和害虫，而且孔隙度较大，含水较低。

因此，其贮藏性能较好，只要防潮贮藏，1个月内不易霉变，也不容易因受光的影响而使维生素受到破坏。

（2）全价粉状饲料：全价粉状饲料大部分以谷物类为原料，表面积大，孔隙度小，导热性差，且容易吸湿发霉。其中的维生素随温度升高而损失加大。另外光照也能引起维生素损失。因此，这类饲料不宜久放，最好不要超过2周。

（3）浓缩饲料：浓缩饲料导热性差，易吸潮，因而易繁殖微生物和害虫，其中的维生素易受热、氧化而失效。因此，可以在其中加入适量的抗氧化剂，不宜久贮。

（4）添加剂预混料：添加剂预混料主要由维生素和微量矿物质元素组成，有的还添加了一些氨基酸和药品及一些载体。这些成分极易受光、热、水汽影响。存放时要放在低温、遮光、干燥的地方，最好加一些抗氧化剂，不宜久贮。维生素可用小袋遮光密闭包装，使用时再与微量矿物质部分混合。

2.自配饲料原料的保存

（1）玉米贮藏：玉米主要是散装贮藏，一般立筒仓都是散装。立筒仓虽然贮藏时间不长，但因玉米厚度高达几十米，水分应控制在14%以下，以防发热。不是立即使用的玉米，可以入低温库贮藏或通风贮藏。若是玉米粉，因其空隙小，透气性差，导热性不良，不易贮藏。如水分含量稍高，则易结块、发霉、变苦。因此，刚粉碎的玉米应立即通风降温，装袋码垛不宜过高，最好码成井字垛，便于散热，及时检查，及时翻垛，一般应采用玉米籽实贮藏，需配料时再粉碎。

其他籽实类饲料贮藏与玉米相仿。

（2）饼粕贮藏：饼粕类由于本身缺乏细胞膜的保护作用。营养物质外露，很容易感染虫、菌。因此，保管时要特别注

意防虫、防潮和防霉。入库前可使用磷化铝熏蒸，用敌百虫、林丹粉灭虫消毒。仓底铺垫也要彻底做好，最好用砻糠作垫底材料。垫糠要干燥压实，厚度不少于 20 厘米，同时要严格控制水分，最好控制在 5%左右。

（3）麦麸贮藏：麦麸破碎疏松，孔隙度较面粉大，吸潮性强，含脂量多（多达 5%），因而很容易酸败、霉变和生虫，特别是夏季高温潮湿季节更易霉变。贮藏麦麸在 4 个月以上，酸败就会加快。新出机的麦麸应把温度降至 10 ～ 15℃再入库贮藏，在贮藏期要勤检查，防止结露、吸潮、生霉和生虫。一般贮藏期不宜超过 3 个月。

（4）米糠贮藏：米糠脂肪含量高，导热不良，吸湿性强，极易发热酸败，贮藏时应避免踩压，入库时米糠要勤检查、勤翻、勤倒，注意通风降温。米糠贮藏稳定性比麦麸还差，不宜长期贮藏，要及时推陈贮新，避免损失。

（5）叶粉的贮藏：叶粉要用塑料袋或麻袋包装，防止阳光中紫外线对叶绿素和维生素的破坏。另外，贮存场所应保持清洁、干燥、通风，以防吸湿结块。在良好的贮存条件下，针叶粉可保存 2 ～ 6 个月。

（6）青干草贮藏

①露天堆垛：堆垛有长方形、圆形等。堆垛时，应尽量压紧，加大密度，缩小与外界环境的接触面，垛顶用薄膜覆盖。

②草棚堆藏：气候湿润或条件较好的牧场，应建造简易的干草棚贮藏干草。草棚贮藏干草时，应使棚顶与干草保持一定的距离，以便通风散热。

③压捆贮藏：把青干草压缩成长方形或圆形的草捆，

然后贮藏。草捆垛长20米、宽5～6米、高18～20层干草捆，每层布设通风道，数目根据青干草含水量与草捆垛的大小而定。

第五节　青绿饲料生产

青绿饲料是鹅的主要饲料，做好青绿饲料生产与供应，是降低养鹅成本、确保产品质量的基础，尤其是在规模养鹅情况下合理安排青绿饲料种植和加工计划，是养好鹅的关键。而青绿饲料种植的主体是良种牧草，有条件的还可利用当地的草地、野草、树叶和瓜果蔬菜下脚等。

1.几种青绿饲料的栽培

（1）紫花苜蓿：紫花苜蓿为世界上栽培最早、分布最广的豆科牧草，有"草中之王"、"牧草黄金"之称。紫花苜蓿含有丰富的粗蛋白、多种维生素和磷、钙等矿物元素，是鹅的一种最佳蛋白类牧草。

①栽培要求：紫花苜蓿适合温暖半干旱气候，耐寒和耐旱性强，对土壤要求不严，除重黏土、低湿地、强酸强碱土壤外，从粗砂土到轻黏土皆能生长，而以排水良好，土层深厚，富含有机质和钙质土壤最好。

②栽培要点：紫花苜蓿播种适期北方为4～7月初，华北地区3～9月，长江流域9～10月，江南地区3～5月和9～10月。苜蓿种子细小，要求精耕细作，种前进行晒种1～2天或在60℃温水中浸种15分钟，磷钾钙肥或焦泥灰拌种，以增强种子发芽势。亩播种量0.75千克，以条播为好（散

播能提高首茬刈割产量，但除草困难），行距 20 ～ 30 厘米，播深 1.5 ～ 2 厘米。紫花苜蓿可与麦、油菜、荞麦、黑麦草等禾本科作物或牧草混播，能在低温时起到共生作用。苜蓿齐苗、返青和刈割后均应追肥，追肥以磷钾肥为主，适当增施氮肥能明显提高产量。苗期或春季要进行中耕除草（也可用除草剂除草）。土壤湿润苜蓿生长良好，但高温高湿或土壤积水会引起苜蓿烂根死亡。

③收获利用：每年刈割3～5次，每亩产5～6千克。一般在花前期刈割，此时粗纤维含量少，粗蛋白质含量高，适口性也好。苜蓿可鲜喂，也可制成干草、干草粉与精料混合饲喂。鲜喂时要注意随割随喂，在阴凉处散放，不要隔夜堆放，以免发热变黄，鹅不吃，造成浪费；调制干草的苜蓿要在始花后选晴天及时收割，调制时宜将苜蓿摊铺于地面，期间应多次翻晒，这样调制，既干燥迅速又减少叶片损失；苜蓿干草粉可作为鹅的蛋白质补充料用或代精料。

（2）三叶草：三叶草分红三叶、白三叶、杂三叶等类，均属豆科牧草，蛋白质含量高，其中红三叶产量较高。

①栽培要求：红三叶喜中性及微酸性土壤，以排水通畅，土壤肥沃富于钙质的黏壤土为宜，在略带酸性不适于栽培苜蓿之处可栽培红三叶。

②栽培要点：三叶草种子细小，其栽培要求和紫花苜蓿相似，与禾本科作物或牧草混播也有共生作用。播种适期北方为春播，南方为秋播较好。亩播种量0.3～0.5千克，播深1～2厘米，行距20～30厘米。三叶草苗期生长缓慢，尤其是南方地区，极易被杂草覆盖，因此，除草工作十分重要。

③收获利用：在现蕾前期叶多茎少，草柔嫩，品质较

好，应在此时刈割切碎喂鹅。红三叶叶多，茎少而中空，易于制作优质干草，每年可以割3～4次，每亩产5千克左右。制成干草粉也可代替苜蓿干草粉喂鹅，以节省精料，补充蛋白质。喂量可占日粮5%以上。

（3）黑麦草：黑麦草是优秀的禾本科牧草品种，其草质脆嫩，适口性好，草中蛋白质含量高，是养鹅的好饲料。

①栽培要求：多年生黑麦草对土壤要求比较严格，喜肥不耐瘠，最宜在排灌良好肥沃湿润的黏土或黏壤土栽培。略能耐酸碱，南方土层较厚的山地红壤亦可种植。干旱瘠薄沙土生长不佳。

②栽培要点：黑麦草种子轻细，栽培上要求土壤精细，播前作浸种或晒种处理后用磷钾肥拌种，以利出苗均匀。冬季寒冷地区春夏均可播种。长江流域各省秋播以9月最宜，亦可迟至11月播种；春播以3月中下旬为宜。单播者每亩播种量约1～1.5千克。一般以条播为宜，行距15～20厘米，覆土深度以1～2厘米为度。黑麦草喜肥性强，播前土壤最好能打足基肥，基肥以畜禽腐熟粪便等有机肥为好，要求亩施3000～5000千克。齐苗后应薄施氮肥，促进苗期生长。一般黑麦草刈割后应亩施尿素10～20千克，以利分蘖和生长。多年生黑麦草可与多种豆科牧草如白三叶、红三叶、杂三叶、苜蓿等混种，效果良好。

③收获利用：多年生黑麦草用作青饲料宜在25～30厘米高抽穗前收割。春播可收割1～2次，秋播早者冬前即可收割1次，次年盛夏前可割2～3次，一般每亩产鲜草3～4千克，多者可达5～6千克。黑麦草适于青饲利用，切短单喂或拌和糠麸饲料喂均可。也可调制成青贮料或制成干粉供鹅

利用。黑麦草再生草大多由残茬中长出，收割时留茬高度以7.5厘米为宜。

（4）籽粒苋：籽粒苋又称猪苋菜、苋菜、千穗谷、天星苋，品种较多，其种子有黑、白两种，叶有绿、红两种。

①栽培要求：籽粒苋喜温暖、湿润气候，耐高温和干旱，属短日照作物，但喜光性很强。生育期要求充足的光照。在高度密植，田间通风透光不良的条件下会减弱光合作用，造成植株低矮而纤细，严重影响产量。对土壤要求比较严格，以排水良好的肥沃的砂质壤土为最好。土质越肥，产量越高。籽粒苋的再生性较好，现蕾期以前刈割。可以从割茬的腋芽长出新枝，在水肥充足的条件下，再生草产量较高，如割太迟，再生性较差，再生草产量较低。

②栽培要点：籽粒苋要求土质疏松、肥沃，播前应打足基肥，每亩施有机肥1500～2000千克。因种子细小，播时土壤要精细。一般北方地区5月上中旬播种，南方3月底播种，亩用种量0.15～0.2千克，可条播和育苗移栽，行距40～60厘米，育苗间距30厘米×40厘米。播后覆土适当镇压，以利保持土壤墒情，保证种子及时萌发。苗期生长缓慢，要进行中耕除草，苗高至20～30厘米后，生长加快。从苗期到株高80厘米时可间苗收获，直至留单株。

③收获利用：春播的籽粒苋，播后约40～50天，当株高达70～80厘米现蕾前，即可进行第一次刈割，留茬高以保留4～5片叶为好。第一次刈割每亩可产2000～2500千克，在水肥条件充足时，30天左右可再刈割，每茬可收青饲料1500～2000千克。年可刈割3～4次，最后一次为全株割。在南方每亩可收6000千克，在北方每亩可收5000千克左右。

籽粒苋是鹅的优良青绿饲料，切碎单喂或拌入糠麸中喂给。幼嫩的籽粒苋适口性更好，喂量可适当增加。

（5）墨西哥饲用玉米：墨西哥饲用玉米又名大刍草，是春播类禾本科牧草，其草质脆，叶宽而无毛，喂鹅适口性较好，适宜作种鹅休产期的青绿饲料，后阶段收割可用作青贮。

①栽培要求：墨西哥类玉米多年生，植株高大，分蘖多，丛生，再生能力强。耐高温，耐热，不耐霜冻，我国长江流域以北地区种植，一般都不能结实和越冬。喜光，以肥沃，含水分高，pH 6.5～7.5的土壤最为适宜。不耐涝渍。在土壤水肥充足，温度高，光照强的情况下，生长旺盛，产量较高。

②栽培要点：墨西哥饲用玉米播种期北方在4月中旬至6月中旬，南方在3月中下旬至6月中旬。亩播种量0.5～0.7千克，可采用穴播或条播，穴播穴距为20厘米×30厘米，条播行距30～40厘米，播深2厘米。种子播前40℃温水浸种12小时。大棚育苗则苗高15厘米，有3片真叶时移栽。播前应打足基肥，一般需亩施有机肥2000千克，保证畦面平整。播后要求土壤湿润，以利出苗。墨西哥饲用玉米苗期长势较弱，要注意中耕除草，并在苗高40～60厘米时作适当培土，防止以后倒伏。喂鹅刈割株高在60～100厘米为宜，割后亩施氮肥5～10千克。

③收获利用：墨西哥饲用玉米一般隔20～30天即可收割1次，南方能利用到10月中旬，北方可到霜前。墨西哥饲用玉米北方不宜留种，南方留种可收割1～2茬后留种，亩种子产量在50千克左右。

（6）其他：我国具有大量的禾本科牧草品种，各地可根据自身条件选择良种播种。如杂交狼尾草、羊草、苏丹草、皇竹草、象草等优质禾本科牧草品种。

叶菜类牧草和蔬菜品种繁多，对鹅的适口性最好，但含水量过高，亩干物质产量低，可小面积分季节播种，作为育雏用青绿饲料或搭配其他青绿饲料，如甘蓝、萝卜叶、饲用甜菜、饲用油菜、胡萝卜、牛皮菜、菊苣等，各地可因地制宜自行选择。

此外，有条件的可利用江河湖塘中的绿萍、水葫芦、水浮莲等水生青绿饲料，但因其含水量过高，需进行加工调制或搭配其他青绿饲料，同时注意驱虫。

2. 牧草种植需注意的几个问题

（1）克服对牧草种植认识的误区：一些人认为无论什么地方都能种草，种草不需要什么技术，撒上种子就是种上了草，牧草可以完全替精饲料，缺乏对牧草品种、特性、品质、产量、营养成分、适口性等诸多因素的全面了解。而且要学习和掌握种草技术和科学的养鹅方法，才能保证种草养鹅的经济效益。

（2）因地制宜，科学选种：对适合养鹅的优质牧草而言，不同的品种对土壤有不同的要求，种植牧草时，应根据土壤结构和水肥条件，选择合适的草种。在选择牧草品种方面，有些人存在着对多年生牧草的产量期望过大，为图省事想种一次多年见效，但多年生的牧草都存在当年产量低，不能解决当务之急和不同地区的越冬过夏问题。所以说初次种植牧草应选生长周期短，再生能力快，既优质高产又当年见效的品种。

（3）配套轮作，合理混播：种草养鹅的实践证明，因地制宜的选择适应性强、营养丰富、品质优良的牧草品种，实行配套轮作，可以延长青饲料的供给周期。根据不同牧草品种的营养特点，对几种品种进行合理混播，不但能起到多样搭配，营养互补的作用，而且还能大大降低养殖成本，取得更好的经济效益。在实际操作中，根据当地的气候和土壤生态条件，选择适应性良好的牧草品种混播，同时要考虑到牧草的利用年限和相容性，特别应做到豆科牧草和禾本科牧草的混播和组合的合理性，来达到优质高产的效果。

（4）科学种植和利用牧草：在利用方面，一般来说，15日龄内雏鹅宜利用叶类蔬菜或30厘米左右的幼嫩牧草，15～30日龄的鹅宜用50厘米左右的牧草，1月龄后的鹅可利用70厘米左右的牧草，因此牧草的割喂应根据鹅的大小及对粗纤维的利用能力来决定。

（5）合理轮作：应选择荒地、林果园地建造人工草场，种植具有耐瘠薄、耐践踏、耐干旱且青嫩柔软、多汁、适口性好、营养丰富的紫花苜蓿、白三叶、红三叶、墨西哥玉米、多年黑麦草、菊苣、鲁梅克斯等植物。为了满足常年养种鹅的需要，应该采用一年生牧草轮作模式来种植，例如，当年4月上旬播种墨西哥玉米，10月中旬结束后播种黑麦草，生长到下一年5月中旬结束，如此循环往复轮作。

第四章　肉用鹅的饲养管理

肉用鹅的饲养管理分三个阶段，即0~28日龄的雏鹅培育阶段和29~60日龄的育肥阶段。

第一节　0~28日龄鹅的管理

0~28日龄雏鹅的重点培育工作是保温、开食、开水，培育的目的是努力保证成活率达到90%以上。

一、0~28日龄鹅的生理特点

从孵化出壳到28日龄的小鹅称为雏鹅，要培育好雏鹅，首先必须了解其特点，然后根据其特点进行饲养管理。

1.体温调节能力不完善

初生雏鹅个体小，绒毛稀少，保温性能差，体温调节机能尚未健全，怕寒冷，对外界温度变化的适应性也弱，自身产生的热量不能满足生活需要，必须人工保温。随着雏鹅日龄的增加以及羽毛的生长与脱换，雏鹅的体温调节机能逐渐增强，因此在雏鹅的培育工作中，必须要为雏鹅提供适宜的外界环境温度，以保证其正常的生长发育，否则，会出现生长发育不良、成活率低甚至造成大批死亡。

2.生长发育快，代谢旺盛

一般中、小型鹅出壳重100克左右，大型鹅130克左右，21日龄时小型鹅体重是出壳重的6～7倍，中型鹅是9～10倍，大型鹅是11～12倍。为保证雏鹅快速生长发育的营养需要，在培育中要及时饮水、喂食。同时随着日龄的增加，雏鹅的体温也逐渐升高，呼吸也加快，新陈代谢旺盛，因此要保持舍内良好的空气质量。

3.消化能力弱

雏鹅消化道容积小，消化能力较弱。特别是21日龄以内的雏鹅，不仅消化道容积小、消化力差，而且吃下的食物通过消化道的速度比雏鸡快得多（雏鹅平均保留1.3小时，雏鸡为4小时），肌胃收缩力弱，对食物的研磨能力差，同时消化腺分泌消化液量少，消化酶活性低。因此，为保证雏鹅快速生长发育的营养需要，在给饲时要少给多餐，喂给易消化、全价的配合饲料，以满足其生长发育的营养需要。

4.雏鹅易扎堆

特别是21日龄内的雏鹅，当温度稍低时易发生扎堆现象，常出现受捂压伤，甚至大批死亡。受捂小鹅即使不死，生长发育也慢，易成"僵鹅"。为防止扎堆现象的发生，在育雏时要精心管理、掌握好育雏的温度和密度。

5.公、母雏鹅生长速度不同

同样饲养管理条件下，公雏比母雏增重高5%～25%，单位增重耗料也少。因此，在条件许可的情况下，公、母雏鹅要分开饲养，以便获得更高的经济效益。

6.抗逆性差

雏鹅个体小，多方面机能尚未发育完善，故对外界环境变化适应能力较差，抗病力也较弱，加之育雏期饲养密度较高，更易感染得病，因此在日常管理时要特别注意减少应激，做好防疫卫生工作。

7.适应性差

当饲料中某种营养素缺乏或营养不平衡、饲料毒素或抗营养成分偏高等情况出现时，雏鹅容易表现出病态反应。环境条件的突然变化也容易造成雏鹅的应激。

8.缺乏自卫能力

雏鹅个体小，尤其是21日龄以内的雏鹅对鼠类及其他肉食性动物的侵害无法自我防御，因此要做好预防兽害的工作。

二、育雏前的准备工作

为了使育雏工作取得理想效果，育雏前必须充分做好各项准备工作。

"一段式"养殖进雏前的准备可按程序直接进行，"两段式"养殖进雏前的准备则是育雏舍和育肥舍分别准备，只是育肥舍比育雏舍晚15天而已。

1.进雏前15天

清扫院落、道路，清理排水沟，清理场舍四周杂草。以保证排水通畅，沟内无污物。

2.进雏前14天

无论是新建鹅舍，还是利用过的鹅舍，在进鹅之前都要对鹅舍的门窗、屋顶、墙壁等进行检查和维修，堵塞门窗缝隙、鼠洞，特别注意防止贼风吹入。

检查维修之后要进行严格的清扫和消毒。首先清扫屋顶、四周墙壁以及设备内外的灰尘等脏物。若是循环生产，每一批鹅出舍以后，应对鹅舍进行彻底的清扫，将粪便、剩料分别清理出去，对地面、墙壁、棚顶、用具等的灰尘要打扫干净。

3.进雏前13天

按顺序冲洗鹅舍的房顶、墙壁、棚架、饲养用具、地面及排水沟，从上到下，由内及外，做到不留死角。

冲洗是大量减少病原微生物的有效措施，在鹅舍打扫以后，都应进行全面的冲洗。不仅冲洗地面，而且要冲洗墙壁、网床、围网、饲料器、饮水器等一切用具。如地面粘有粪块，结合冲洗时应将其铲除。最好使用高压水枪冲洗，如没有条件应多洗一两遍，冲洗干净以后，在水中加入广谱消毒剂喷洒消毒一遍。冲洗后保证舍内任何物体表面都要冲洗到无脏物附着。

4.进雏前12天

无论采用什么热源，都必须事先检修好。如有专门通风、清粪装置及控制系统，也都要事先检修好。

（1）热风炉供暖：如果使用热风炉要事先检查，发现问题，及时维修。

（2）锅炉供暖：锅炉要进行检查维修。

（3）红外线供暖灯：红外线供暖灯安装在灯罩下。

（4）保温伞：采用保温伞育雏的将保温伞安装在适当位置，伞外围60～150厘米处安装护围。护围可用塑料网、铁丝网均可。

（5）刮粪设备：要进行试运行（"两段式"养殖的因前

28 日龄粪便较少，育雏舍不需要安装）。

（6）照明灯：按每平方米安装 5 瓦的白炽灯或 20 平方米安装 15 瓦灯泡一个，可多准备一些。灯泡距地面高度2 ～ 2.5 米。

（7）消毒药品：消毒药常用消毒王、菌毒速灭、福尔马林、氢氧化钠、百毒杀、过氧乙酸、新洁尔灭、高锰酸钾、抗毒威、生石灰、漂白粉、乙醇等，这些药根据其作用交替使用，因此可多备几样。

（8）防疫药品：准备雏鹅常用的一些药品，如多维、土霉素、恩诺沙星、庆大霉素、呋喃唑酮等。根据本批养鹅数量准备各种疫苗，通常雏鹅主要用小鹅瘟疫苗、鹅疫 - 鹅副黏二联油乳剂灭活苗、禽霍乱疫苗，可按免疫程序准备，妥善保存。

（9）其他：检修供水、电设备，损坏的设备要维修、更换。

5.进雏前11天

清扫道路、院落，用生石灰及3%热氢氧化钠溶液消毒，消毒液要保证喷洒到每个角落。

6.进雏前10天

将设备搬入鹅舍，关闭门窗，用消毒王喷雾消毒，消毒液要保证喷洒到每个角落。

7.进雏前9天

将设备搬入鹅舍，关闭门窗，用消毒王喷雾消毒，消毒液要保证喷洒到每个角落。

清扫道路、院落，用生石灰及 3%热氢氧化钠溶液消毒，消毒液要保证喷洒到每个角落。一栋鹅舍内至少挂 2 支干湿温度计（离床面 5 厘米）。

8.进雏前8天

地面平养的需要在地面铺上8厘米的垫料（每平方米约5千克）。垫料应在熏蒸消毒前铺好，垫料要求干燥、无霉菌、无有毒物质、吸水性强。

摊开摆放饮水器、开食盘，以便于熏蒸消毒。一个直径30厘米的开食盘供30~50只开食，每1000只雏鹅至少需要20个2升的真空饮水器。

9.进雏前7天

将鹅舍门窗、进风口、出气孔、下水道口等全部封闭，并检查有无漏气处；在舍温25℃，空气相对湿度75%的条件下进行熏蒸消毒。

目前，鹅舍熏蒸消毒的常用药物有两种：其一是用福尔马林消毒，按每立方米空间用高锰酸钾21克、福尔马林42毫升熏蒸消毒，或福尔马林30毫升加等量水喷洒消毒，密闭熏蒸24~48小时，消毒效果较好（陶瓷盆在棚舍中间走道，每隔10米放一个；瓷盆内先放入高锰酸钾，后倒入甲醛；从离门最远端依次开始；速度要快，出门后立即把门封严；如湿度不够，可向地面和墙壁喷水）。其二是用主要原料为二氯异氰尿酸钠的烟熏，利用二氯异氰尿酸钠在高温下产生二氧化氯和新生态氧，利用二氧化氯的强氧化能力，将菌体蛋白质氧化，从而达到杀死细菌、病毒、芽孢等病原微生物的作用。如果离进鹅还有一段时间，可以一直封闭鹅舍到进鹅前3天左右。空舍2~3周后在进鹅前约3天再进行一次熏蒸消毒。

10.进雏前6天

按计划备足燃料。清扫鹅舍周围环境。鹅舍门前的消毒池可添加消毒液，没有消毒池的可设置消毒盆。

11.进雏前5天

打开门窗、通气孔和排风扇，彻底排除多余熏蒸气体。此时，人员再进出必须经过消毒池（盆）脚踏消毒。

12.进雏前4天

通风时间不少于24小时，杜绝人员进出。

13.进雏前3天

落实进雏、进料、购药事宜。

传统的雏鹅饲料，一般多用小米和碎米，经过浸泡或稍蒸煮后喂给。为使爽口、不粘嘴，最好将蒸煮过的小米或碎米用水淘过以后再喂。规模化饲养肉用鹅，最好是从一开始就喂给混合饲料。喂配合料时，应注意饲料的适口性，不能粘嘴，若有条件制成颗粒饲料，饲喂效果更好。也可用鸡花料代替。

雏鹅1～7日龄每千只累计消耗精饲料45千克左右、青饲料107.5千克左右（第1～3天每天精料2.5千克、青饲料5千克；第4天精料5千克，青饲料12.5千克；第5天精料7.5千克、青饲料17.5千克；第6天精料10千克、青饲料25千克；第7天精料15千克、青饲料37.5千克）。

"公司+农户"模式的养殖者根据合同使用"公司"的全价配合雏鹅饲料；专业户饲养模式除可购买"公司"的全价配合雏鹅饲料外，也可自己配制。自己配制时要注意原料无污染、不霉变，最好现用现配，夏季一次配料不超过3天用量，冬季一次配料不超过7天用量，饲料形状以颗粒料最好。也可从饲料厂购得复合预混合饲料或浓缩饲料再配成配合饲料。

14.进雏前2天

一段式养殖可在养殖房舍内根据雏鹅数量用塑料布隔出育雏室。

育雏舍开始生火预温。无论采取何种饲养方式，按要求育雏器温度达到35～36℃，室内温度达到28～30℃，空气相对湿度60%～70%。

15.进雏前1天

准备好各种记录表格、连续注射器、滴管、刺种针、秤和喷雾器及其他工具。

三、接雏和分群

1.鹅苗选择

采用"公司+农户"模式养殖肉用鹅，公司负责运送雏鹅，也就不用选雏和查数，只确认大约到雏时间即可。

自行养殖者要从本地或就近从有《种畜禽生产经营许可证》、《动物防疫卫生许可证》和检疫合格证的种鹅孵化场选购品种优良、纯正、种鹅群没有发生过疫病的商品雏鹅，并按生产计划安排好进雏时间与数量，同时要签订购雏合同。

实践证明，不同鹅种之间的杂种，如狮头鹅（公）×太湖鹅（母），狮头鹅（公）×籽鹅（母），四川白鹅（公）×太湖鹅（母），其后代生活力强，生长速度快，饲料转化率高。选择外来品种首先要了解其产品特性、生产性能、饲养要求，然后才能引进饲养。

挑选时要注意刚出壳不久的健康雏，大小匀称，毛色整齐，手捉时挣扎有力，行走灵敏，活泼好动无畸形，眼睛明亮有精神。腹部不大而柔软，蛋黄吸收良好，脐孔处无结痂和血迹，叫声洪亮，胎粪排出正常，无尾毛污染。

凡是站立不稳或不能站立，精神迟钝，绒毛不整，脐口闭锁不良并有残留物，腹部坚硬，卵黄吸收不良者、体重过小者都应视为弱雏。据养殖者反映，对于健壮的雏鹅其出壳时的体重大则以后的生长速度也快。

2.雏鹅的性别鉴定

研究证明，同样的饲养管理条件下，公雏比母雏增重高5%～25%，单位增重耗料也少。在饲养条件允许的条件下，育雏时尽量做到公母分开。

在出雏后几小时内可用捏肛法来鉴别出雌雄，在3日龄后也可用翻肛法来区别雌雄，将鉴别出的雌雄分群饲喂。翻肛鉴别时要注意公雏的生殖器官较发达，阴茎呈螺旋形，只要压翻泄殖腔，便可挤压出阴茎，比较容易鉴别。鉴别时左手握住雏鹅，食指和中指轻轻夹住雏鹅颈部，右手的拇指和食指沿尾根向下，往肛门方向捏摸，感觉有小米粒状突起的即为公雏，无此感觉的为母雏。触摸时手要轻，不可用劲捏摸。

3.雏鹅的分级

雏鹅经性别鉴定后，即可按体质强弱进行分级，将畸形雏如弯头、弯趾、跛足、关节肿胀、瞎眼、盯脐、大肚、残翅等予以淘汰，弱雏单独饲养。这样可使雏鹅发育均匀，减少疾病感染机会，提高育雏率。

4.雏鹅的运输

雏鹅的运输也很关键，往往由于路程过长，途中照料不够，导致受热、受凉或受挤压，甚至大量窒息而死亡。雏鹅运输最好在出壳24小时内运到育雏室。

"公司+农户"模式养殖肉用鹅都有设施先进的运雏车，可直接将雏鹅送到饲养场。

对自行养殖者，要和孵化场或种鹅场签订雏鹅订购合同，保证雏鹅的数量和质量，同时确定大致接雏日期。初生雏鹅运输的基本原则是迅速、及时、舒适、安全、注意卫生，并由专人押运。初生的雏鹅最好在12小时内运到育雏舍，远地运雏也不应超过24小时，以免中途喂饮的麻烦和损失。

运输车辆要彻底消毒，要有车篷，不能让风直接吹到或阳光直晒到雏鹅。接雏时一定要提前办理好车辆通行证、雏鹅检疫证等相关手续。水运方便的地方，也可以采用水运。

运输雏鹅一般用纸、木、塑料制成的专用运雏箱子，箱长为80厘米、宽为45厘米、高18厘米，箱的四周和壁上均有通气孔，内分为四格，每格可容15～20只雏鹅，每箱可容约60～80只雏鹅。运雏箱也要在使用前严格消毒，并在箱底铺上1～2厘米厚的软垫料或垫纸。每个运雏箱不能装雏过多，防止挤压造成死亡。装车时将运雏箱按"品"字形码放，用绳绑好。搬动运雏箱时要平起平落，用机动车运输时，行车要平稳，速度要适中，防止颠簸震动，转弯、刹车不能过急，防止摇晃、倾斜，以免雏鹅拥挤扎堆死亡。运输途中要尽量保持运雏箱内温度恒定，冬季、早春运雏宜在白天，并用棉被、毯子等物遮盖；夏季运雏宜在早晨，要带防雨布或搭设车篷，以防雨淋日晒。同时注意通风良好，特别注意在中间放置的运雏箱，最易因高温或氧气不足而闷死鹅只，随时观察雏鹅活动、呼吸是否正常，发现问题及时采取对策，避免造成经济损失。

5.卸雏与分群

雏鹅到场后，为防止雏鹅受凉或受热，应第一时间将雏鹅盒（箱）卸下搬入育雏舍内，并小心地将雏鹅放到用塑料布隔出的育雏室的网床上或垫料上，饲养密度地面垫料平养按每平方米 20～25 只，网上平养按每平方米 25～35 只，每群最好不超过 200 只放雏。

卸完鹅雏后要把所有的装雏盒（箱）搬出舍外，对一次用的纸盒要烧掉，对重复使用的塑料盒、箱等应清除箱底的垫料并将其烧毁，下次使用前对运雏盒（箱）进行彻底清洗和消毒。

四、0～28日龄鹅的饲养管理

0～28日龄雏鹅的饲养管理是育雏成败的关键之一，对保证雏鹅的生长发育，提高雏鹅的成活率和增重有着直接影响。无论采用地面平养、网上平养，其饲养技术都基本一致。

（一）0～28日龄鹅的日常管理

1.1日龄

饲养雏鹅首先要适时"三开"。所谓"三开"就是开水、开食和开青。通常把雏鹅第一次饮水叫"开水"，第一次喂食叫"开食"，第一次喂青叫"开青"。"三开"时间的早晚和好坏对雏鹅以后的生长发育有很大影响。

（1）开水：雏鹅出壳后 12～24 小时的第一次饮水，俗称"开水"、"潮口"。第一次饮水有刺激食欲，促使胎粪排出的作用。如果喂水太迟，雏鹅只好先用体内的水分，造成机体失水，代谢失常，表现脚蹼水收缩，俗称"干爪"。如果先喂食，雏鹅定会缺水忍渴，一旦遇到水，就会立即抢水暴饮，造成水中毒。因此，雏鹅在育雏舍休息0.5～1小时应及时"开水"。

"开水"时按盘中水深度不超过3厘米装上不低于25℃的温开水（炎热季节尽可能给雏鹅提供凉水），并将饮水器均匀地分布在育雏器内。饮水器放置的位置应处于鹅只活动范围不超过1.5米的地方均匀摆放，每只鹅至少占有2.5厘米水位，饮水器高度要适当，水盘与鹅背等高为宜，防止鹅脚进水盘弄脏水或弄湿垫料及绒毛，甚至淹死。

在饮水中加入0.05%高锰酸钾，可以起到消毒饮水，预防肠道疾病的作用，一般用2～3天即可。长途运输后的雏鹅，为了迅速恢复体力，提高成活率，可以在饮水中加入5%～8%的葡萄糖，按比例加入速溶多维和口服补液盐。

"开水"时对不懂饮水的雏鹅，可轻轻将雏鹅的喙按至水中蘸一下，便可使其学会饮水。雏鹅第一次饮水，时间掌握在3～5分钟。"开饮"以后饮水的供应不能中断，给水要少给勤添。

（2）开食：雏鹅出壳后第一次吃料俗称开食。适时"开食"，既有助于雏鹅腹内蛋黄吸收和胎粪排出，又能促进生长发育。

开食一般在雏鹅开水2～3小时后，出现类似啄食的动作时"开食"恰到好处。若"开食"过早，大多数雏鹅不会采食，健壮雏会先采食从而使雏群的发育不平衡，给以后的饲养管理造成困难，增加饲养成本。"开食过迟"，不仅影响雏鹅的生长发育，还会增加死亡率。

雏鹅开食时将准备好的开食料装在浅料盘内，也可以把饲料撒在浅料槽内，为了防止雏鹅浪费饲料，在浅料盘下面铺一层报纸或塑料布。

雏鹅的第一次吃青饲料叫"开青"，开食的青饲料要求新鲜、易消化，以幼嫩、多汁为好，以莴苣叶、苦荬菜等叶菜类为最佳。青饲料应清洗干净后沥干，再切成1～2毫米的细丝状。

开食时，要求将饲料撒得均匀，边撒边吆喝，调教采食，让鹅形成条件反射。对不会自动走向饲槽的弱雏，要耐心引诱它去采食，使每只都能吃到饲料，吃饱而不吃过头。

大群饲喂时，可先把开食精料撒在席子或塑料布上，任雏鹅啄食，然后再加喂青料。这样做可以防止雏鹅专拣吃青料而少吃精料，可满足其营养需要，也可避免因吃食青料过量而引起拉稀。开食时间过早往往易产生便秘而致死，开食时间过迟则雏鹅不能及时补充营养，对其生长发育起阻碍作用。何时开食，应视"潮口"时间与鹅的具体情况而定。体型大，健壮的雏鹅还可适当提早开食；体型小，较弱者，应适当延迟开食时间。

雏鹅开食时一般都不会吃料，须经调教。第一次喂食不要求雏鹅吃饱，只要能吃进一点饲料即可。过2～3个小时，再用同样方法调教，几次以后雏鹅就会自动采食了。

初生的雏鹅，食道膨大部不很明显，贮存饲料的容积很小，消化机能不健全，肌胃的肌肉也不坚实，磨碎饲料功能很差，所以要少吃多餐，少喂勤添，随吃随给，饲槽内要稍有余食，但不能太多，以防酸败。开食第1天分8次饲喂(夜间喂2次)。

开食第1天的雏鹅平均全天每千只每天吃精料2.5千克、青饲料5千克左右。雏鹅"开食"的好坏，可以从采食量、叫声等多方面来综合判断。"开食"好的，叫声轻快、有间歇；如果发现异常，应及时隔离，查明原因，采取必要措施。

在饮水中放入土霉素或呋喃唑酮等药物，能大大减少白痢病的发生；如果在料中或水中再加入抗生素（氟派酸、恩诺、乳酸环丙或阿莫西林中的一种），大群发病的可能性更小，粪便也正常。但开食不好、消化不良的雏鹅仍然会出现类似白痢病的粪便，所以在开食时应特别注意以下几点：

①挑出体弱雏鹅：开食时将体质弱的雏鹅挑出另群饲养，以便加强饲养，促其生长，使其生长赶上群体水平后再合群饲养。每小群以50～60只为宜。

②开食不可过饱：开食时要求雏鹅自己找到采食的食盘和饮水器，会吃料能饮水，但不能过饱，吃到半饱即可，时间为5～7分钟，尤其是经过长时间运输的雏鹅，此时又饥又渴，如任其暴食暴饮，会造成消化不良，严重时可致大批死亡。

③因抢水打湿羽毛的雏鹅要捡出，以36℃温度烘干，减少死亡。

④随时清除开食盘中的脏物。

（3）温度控制：温度是育雏成败的重要条件。雏鹅绒毛稀而短，吃料少，消化机能较弱，产热不多，体温调节机能不健全，对于温度非常敏感，因此育雏期要人工保温。如果疏忽保温环节，使温度过低或过高，很容易使雏鹅发病，甚至死亡。幼雏出壳后5天内的保温工作尤为重要，如果忽视保温环节，死亡率可高达50%,甚至全群覆没。加强保温环节，给雏鹅提供稳定而适宜的温度，能有效地提高成活率，有利于生长发育。因此，1日龄雏鹅与雏鸭一样要求育雏器温度

35～36℃，室内温度28～30℃。

育雏温度，保温器育雏是指距离热源50厘米地上5厘米处的温度，网育是指网上5厘米处的温度，室温指靠墙离地面1米高处的温度。掌握育雏温度，一要看温度计，二要注意仔细观察雏鹅的活动、休息和觅食状况。温度适宜时，雏鹅安静无声，吃饱后不久就睡觉，彼此虽依靠，但无扎堆现象，有时散开单个睡觉；温度过高，雏鹅张口呼吸，喘气，翅膀张开，抢水喝，采食量减少，粪便变稀远离热源，精神沉郁；温度过低，雏鹅拥挤在热源附近，缩颈，行动迟缓，夜间睡眠不稳，闭眼尖叫，拥挤扎堆，互相取暖，往往造成压伤或窒息死亡。因此育雏人员要根据雏鹅对温度反应的动态及时调整育雏温度。

（4）湿度控制：鹅虽属于水禽，但干燥的舍内环境对雏鹅的生长、发育和疾病预防至关重要。在低温高湿情况下，雏鹅散热过多而感到寒冷，易引起感冒等呼吸道疾病和下痢、扎堆，增加僵鹅、残次鹅和死亡数，这是导致育雏成活率下降的主要原因。在高温高湿时，雏鹅体热散发不出去，容易引起"出汗"，食欲减少，抗病力下降，同时引起病原微生物的大量繁殖，这是发病率增加的主要原因。因此，1日龄，育雏室内的相对湿度应保持在60%～70%。在生产中，湿度低时，可通过放置湿垫或洒水等方法提高湿度；湿度高时，可通过加强通风换气等加以控制。地面垫料育雏时，一定要做好垫料的管理工作，避免饮水外溢，对潮湿垫料要及时更换，可降低舍内湿度，防止垫料潮湿、发霉。

（5）光照控制：与鸭一样光照可以促进雏鹅的采食和运动，有利于雏鹅的健康生长。头3天内采用23小时光照，以便于雏鹅熟悉环境，寻食和饮水，关灯1小时，目的在于使鹅能够适应突然停电的环境变化，防止一旦停电造成的集堆死亡。

（6）注射疫苗：在无小鹅瘟流行地区，每只0.5毫升皮下注射或胸肌注射小鹅瘟雏鹅活苗（在确保母源抗体有效时可免除注射，并改用雏鹅用小鹅瘟疫苗皮下注射0.1毫升，同时免除7日龄注射）；在小鹅瘟流行地区，每只注射0.7毫升小鹅瘟抗血清。

（7）通风换气：1日龄不用通风。

（8）日常管理：雏鹅体小无力，行走缓慢，既无防御能力，又没逃避本领，常容易受到狗、猫、老鼠、黄鼠狼等兽类侵害。为此，要对雏鹅采取保护措施，特别是夜间，要有专人守夜，并要观察雏鹅的状态，检查温度、湿度是否合适，然后清洗料桶和饮水器，加料和换上清洁饮水。

雏鹅喜欢聚集成群，如果温度低时更是如此，易出现压伤、压死现象。所以在整个育雏过程中，不论何种育雏方式，都要防止鹅群"打堆"（即相互挤堆在一起）。饲养人员要注意及时赶堆分散，尤其在天气寒冷的夜晚更应注意，应适当提高育雏室内温度，起身时用手抄动，拨散挤在一起的雏鹅，使之活动，以调节温度，散发水汽。通过合理分群、控制饲养密度等措施来避免"打堆"及其伤害，可以有效地提高育雏成活率。

（9）做好每日纪录：如死亡数、喂料量等。

（10）建立稳定的管理程序：鹅具有群居生活的习性，合群性很强，神经类型较敏感，它的各种行为要在雏鹅阶段开始培养。如饮水、吃料、检查等，都要定时、定点。每天有

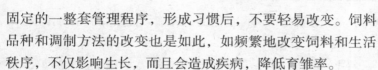

固定的一整套管理程序，形成习惯后，不要轻易改变。饲料品种和调制方法的改变也是如此，如频繁地改变饲料和生活秩序，不仅影响生长，而且会造成疾病，降低育雏率。

2.2～3日龄

（1）温度：2～3日龄要求育雏器温度34.5～35.5℃，室内温度28～30℃。

（2）湿度：60%～70%。

（3）光照：光照23小时，1小时黑暗。

（4）通风换气：2～3日龄不用通风。

（5）饲喂：从第2天开始，用1份鹅饲料和2份青料混合饲喂,青料宽度1～2毫米。饲喂方法是先饮后喂。喂料时，注意观察鹅群的采食状况，不断地将采食能力强和采食能力差的鹅分开，分别进行饲养，这样做可避免产生僵鹅，使鹅群体整齐。每次的喂料时间不宜长,以半小时为妥。喂至7～8成饱即可，这样有利于雏鹅消化，增进食欲。每当喂好一批鹅后，应将被污染饲料扫清，盘子用4%的高锰酸钾溶液冲洗干净，而后再喂下一批鹅。从3日龄开始，饲喂时可在日粮中掺入0.1%的直径为1～1.5毫米砂粒，对帮助其消化有积极作用。2～3日龄每日喂8次(夜间喂2次),每天精料2.5千克、青饲料5千克。

（6）日常管理：昼夜要有人值班，每隔1～2小时，赶堆一次。注意观察粪便状况，粪便在报纸上的水圈过大，是雏鹅受凉的标志。发现雏鹅有腹泻时，应该立即从环境控制、卫生管理和用药上采取相应措施。

（7）饲喂器具消毒：饲喂器具每天用0.1%的高锰酸钾消毒1次。

（8）更换门口消毒盘内的消毒液，使其保持消毒浓度。

3.4～7日龄

（1）温度：4～5日龄要求育雏器温度34～35℃，室内温度28～30℃；6日龄育雏器温度33～34℃，室内温度28～30℃；7日龄育雏器温度32～33℃，室内温度27～29℃。按日龄逐渐扩大保温伞护围。

（2）湿度：60%～70%。

（3）光照：从4日龄开始，白天利用自然光照，只提供微弱的灯光（每平方米用5瓦白炽灯），只要能看见采食即可，这样既省电，又可保持鹅群安静，不会降低鹅的采食量。但值得注意的是，采用保温伞育雏时，伞内的照明灯要昼夜亮着。因为雏鹅在感到寒冷时要到伞下去，伞内照明灯有引导雏鹅进伞之功效。

（4）饲喂

①及时更换料具：第4天后把垫在料盘下面的报纸或塑料布撤去，并添加一些料桶，培养鹅只从料桶中采食，逐渐撤出开食盘。一般每40只鹅配备1个3～4千克的料桶。如使用自动喂料设备也应在4日龄时启动，并保证每只鹅有8厘米的采食位置。饲料占肉用鹅整个生产成本的70%，所以有必要将饲料的浪费降到最低限度。

②调整采食饮水用具：每70只雏鹅一个饮水器，生产中要根据肉雏的周龄，及时更换不同型号的饮水器。

③饲料形式：颗粒饲料的适口性好，而且比喂粉料可节约15%～30%的饲料（也可采用加水的湿粉料或碎粒料饲喂，拌好的湿粉料要做到既散又湿，且撒到雏鹅身上不沾）。实践证明，喂给富含蛋白质日粮的雏鹅生长快、成活率高，比喂

给单一饲料的雏鹅可提早 10～15 天达到上市出售的标准体重。饲喂采取自由采食方式，而且要保证清洁、充足的饮用水，雏鹅多次饮水可促进生长。4 日龄可添喂 0.5% 的沙粒。

④饲喂量：精饲料和青饲料（青饲料宽度 2～3 毫米）要拌匀或分开饲喂，或分开饲喂时要先喂精饲料后喂青饲料。第 4 天每千只饲喂精料 5 千克，青饲料 12.5 千克；第 5 天每千只饲喂精料 7.5 千克、青饲料 17.5 千克；第 6 天每千只饲喂精料 10 千克、青饲料 25 千克；第 7 天每千只饲喂精料 15 千克、青饲料 37.5 千克。

⑤饲喂次数：从第 4 天起每天喂 7 次（晚上喂 1 次）。

（5）预防免疫：7 日龄，接种鸭瘟疫苗 1 羽份/只。

（6）药物预防：4～7 日龄，每天用 0.04% 的呋喃唑酮拌料，预防白痢病；土霉素按 0.1%～0.2% 的含量添加于饲料中可预防拉稀。

（7）日常管理

①经常赶堆，注意温、湿度的控制和通风。

②注意观察鹅群的采食、饮水、呼吸及粪便状况。

③注意保持鹅舍内环境的稳定。

④地面垫料养殖的清理更换保温伞内的垫料，扩大保温伞（棚）上方的通气口。

⑤每周对养殖场、鹅舍、用具和带鹅消毒 1 次。每 3 天更换一次舍门口消毒池内的消毒液，使其保持消毒浓度。

（8）周末称重：满周龄给雏鹅测重，测重方法是在整群中随意取出 5% 称重（大群饲养抽测数量不少于 30 只），由此计算出全群体重，如果全群鹅平均体重低于标准的 10% 左右，则每天每只应加料 5～10 克。

理想的头一周鹅只死亡率应在1%以下，体重为初生雏体重的4倍以上，鹅只个体均匀，体型修长，活泼有力，无疫病感染。

（9）总结一周内的管理工作情况，做好记录。

4.8～10日龄

（1）温度：8日龄要求育雏器温度32℃，室内温度27～29℃；9日龄育雏器温度31℃，室内温度26～28℃；10日龄育雏器温度30℃，室内温度26～28℃。寒潮大风降温时期要适当增温，让雏鹅感到舒适为度。

（2）湿度：60%～70%。

（3）光照：继续白天利用自然光照，只提供微弱的灯光，只要能看见采食即可。

（4）调整饲养密度：雏鹅生长迅速，体形变化较大，所以8日龄要及时调节饲养密度。适当的密度既可以保证高的成活率，又充分利用育雏面积和设备，从而达到减少肉用鹅活动量，节约能源的目的。育雏密度依品种、饲养管理方式、季节的不同而异。一般地面垫料平养降为每平方米15～20只，网上平养降为每平方米20～30只，每群最好不超过100～150只。

（5）饲喂：8～10日龄每千只雏鹅每天喂配合精饲料21～28千克，青绿饲料80～77.5千克，自由采食。从8日龄开始饲喂次数改为每天6次，一次安排在晚上。每次投料若发现上次喂料到下次喂料时还有剩余，则应酌量减少，反之则应增加一些。8日龄用中型饮水器换掉小型饮水器，自由饮水，不可缺水，每只鹅饮水位置占有长度1.25厘米以上。从10日龄起饲料中加入直径为2.5～3毫米的1%～2%沙粒。

也可设沙砾槽，雏鹅可根据自己的需要觅食。

（6）通风：雏鹅的生长速度快，体温较高，呼吸快，新陈代谢旺盛，需要大量的氧气，在代谢过程中，雏鹅要排出大量的二氧化碳，同时，鹅粪便、垫料发酵也会产生大量的氨气和硫化氢等有害气体，刺激眼、鼻和呼吸道，影响雏鹅正常生长发育。因此，从第8日龄开始育雏舍内必须通风换气，保持舍内空气新鲜。夏秋季节，通风换气工作比较容易进行，打开门窗即可完成。冬春季节，通风换气和室内保温容易发生矛盾，因此在通风前，首先要使舍内温度升高2～3℃，然后逐渐打开门窗或换气扇，但要避免冷空气直接吹到鹅体。通风时间多安排在中午前后，避开早晚气温低时间。

（7）预防用药：8～10日龄，用0.05%的土霉素拌料，防治肠炎、白痢等。

（8）预防接种：10日龄，禽流感油乳剂灭活疫苗，第1次注射，每只0.5毫升。

（9）日常管理

①可视情况去掉保温伞及护围。

②地面垫料要经常翻晒，保持干燥。

③料槽、饮水器的高度要随着鹅的生长适时调整，料槽、饮水器水盘的边缘与鹅背等高，防止鹅脚、垫料和杂物弄脏饮水，同时也避免饮水洒漏弄湿垫料。

④要经常检查饮水设备，尤其是自动饮水系统，要防止断水、跑水、漏水。要做到及时发现，及时修复，以免给鹅只造成大的应激。

⑤夜间熄灯后仔细倾听鹅群内有无异常呼吸音。

5.11～14日龄

（1）温度：11日龄要求育雏器温度29℃，室内温度26～28℃；12日龄育雏器温度28℃，室内温度26～28℃；13日龄育雏器温度27℃，室内温度25～26℃；14日龄育雏器温度26℃，室内温度25～26℃。

（2）湿度：60%～70%。

（3）光照：继续利用自然光照，只提供微弱的灯光，只要能看见采食即可。

（4）饲喂：11日龄开始自由采食，青料可占60%～70%（青料宽度可增为3～5毫米），混合料占30%～40%，日喂4次，夜喂2次。自由饮水，不可缺水，饮水中加水溶性复合多维。

（5）通风：注意日常管理，注意降温和通风换气。

（6）预防用药：11～14日龄，为杜绝沙门氏杆菌、大肠杆菌、巴氏杆菌等感染，在育雏期饲料中应加入0.1%土霉素，拌料饲喂，其中饮水中加入3000～5000单位/只庆大霉素，以防大肠杆菌病等肠炎。

（7）日常管理

①注意观察鹅群有无呼吸道症状、有无神经症状、有无不正常的粪便。

②注意垫料管理。

③每周对养殖场、鹅舍、用具和带鹅消毒1次。

（8）总结一周内的管理工作情况，做好记录。

6.15～21日龄

（1）转群准备："两段式"养殖涉及到转群的应提前2周作好育肥舍的准备，做好清洁卫生和消毒工作（从育雏舍转入育肥舍时的准备工作可参考育雏舍的准备工作进行）。

（2）温度：15 日龄要求育雏器温度 25℃，室内温度 25～26℃；16 日龄育雏器温度 24℃，室内温度 23℃；17 日龄育雏器温度 23℃，室内温度 22℃；18 日龄育雏器温度 22℃，室内温度 21℃；19 日龄育雏器温度 21℃，室内温度 20℃；20 日龄育雏器温度 20℃，室内温度 19℃；21 日龄育雏器温度 19℃，室内温度 18℃。

（3）湿度：55%～60%。

（4）光照：继续利用自然光照，只提供微弱的灯光，只要能看见采食即可。

（5）饲喂：15 日龄后改用 7～10 千克的料桶，饲喂次数改为每日白天 5 次，晚上不喂。自由采食，青料可占 70%～80%（青料宽度可增为 3～5 毫米），混合料占 20%～30%。保证充足、清洁的饮水。

（6）注意防治绦虫病：一般雏鹅在 15～20 日龄开始首次驱虫，用抗蠕敏 40 毫克/千克（体重）灌服 1 次即可，以后每隔 20～25 天再驱虫 1 次，可保证鹅免遭绦虫的危害。

（7）稀群：21 日龄，要进行第三次密度调整。地面垫料平养降为每平方米 10～15 只，网上平养降为每平方米 15～20 只。

（8）称重：21 日龄抽样称重（方法同第一次），了解生长情况，调整饲养管理工作，做好记录。

（9）消毒：每周对养殖场、鹅舍、用具和带鹅消毒 1 次。

（10）日常管理：加强环境卫生管理，及时清理粪便，更换或增加垫料。加强通风降低舍内氨气和硫化氢气体的浓度。

7.22～28日龄

（1）温度：22～24日龄室温控制在18℃左右，25～28日龄室温控制在16℃左右。

（2）湿度：最适的湿度是55%～60%。

（3）光照：继续利用自然光照，只提供微弱的灯光。

（4）饲喂：22～28日龄要保证料槽每只10厘米以上，水槽每只1.5厘米以上。21～29日龄，雏鹅体重增大，体质日益增强，喂饲次数可以减少到每昼夜5次（其中晚上9时喂1次）。青料宽度再增到5～10毫米，青料占80%～90%，混合料10%～20%。饮水要充足，保证饮水器中不断水。

（5）加强通风，降低舍内氨气、硫化氢等有害气体浓度。

（6）预防接种：28日龄肌注接种1次禽霍乱疫苗。

（7）预防用药：22日龄开始，在饲料中添加驱蛔虫和绦虫的药物，以防蛔虫病和绦虫病的发生。

（8）日常管理

①随时观察鹅群采食量，精神状况及粪便有无异常现象。有个别不食，精神不振，肛门粘绿色、白色粪便、拉血便等的鹅及时进行隔离治疗。

②垫料养殖的注意更换垫料。

③每舍设立弱残鹅栏1个，其大小应视弱残鹅数量多少而定，密度每平方米8只，并备有足量的饮水及喂料器具，不限饲不限水。每天应几次将弱残鹅挑入栏中，加强护理。

④每周对养殖场、鹅舍、用具和带鹅消毒1次。

（9）适时脱温：所谓脱温，就是育雏室停止加温，又称为离温。

第四章 肉用鹅的饲养管理

一般雏鹅在4～5日龄体温调节机能逐渐加强，因此如果天气好、在不加热的情况下室温能达到16℃，在5～7日龄时即可逐步脱温，但早晚还需适当加温，一般到20日龄后可以完全脱温。但早春和冬天气温低，保温期需延长，一般15～20日龄才开始逐步脱温，28日龄才完全脱温。脱温时要注意气温，根据气温变化灵活掌握，切忌忽冷忽热，否则易引起疾病和死亡。

"两段式"养殖需要转舍的，要从转群前一天起在饲料中添加多种维生素或电解质，以防转群时的应激影响。脱温期间，饲养人员夜间要经常注意检查、观察鹅群，保证脱温安全。

（二）提高雏鹅成活率的措施

雏鹅养育是养鹅生产中的关键环节，但据调查，由于养殖户缺乏养殖经验等各方面的原因，造成雏鹅死亡原因的比例较大，而因环境条件恶劣、管理不科学所造成的死亡，约占雏鹅死亡总数的60%以上，给养鹅者造成很大损失。而雏鹅绒毛稀少，体小娇嫩，体温调节能力差，消化机能不健全，对外界环境的适应能力和抗病力差，如果不加强饲养管理，忽视防疫免疫，极易引起发病和死亡。因此必须针对雏鹅的生理特点认真提供适宜的环境条件，加强饲养管理工作，以满足雏鹅对环境的需要，促进其正常生长发育。

1.选好鹅苗

（1）选择好的孵化厂：要保证鹅苗的质量首先要考虑孵化厂的情况，目前在农村一些小孵坊的种蛋都是从一家一户收集的，种蛋来源复杂，种鹅基本都没有进行免疫接种，孵化出的雏鹅没有母源抗体保护，容易发生小鹅瘟、鹅副黏病毒病等传染病，这些孵坊的卫生管理多数跟不上，孵化过程中的感染也是一个常见问题。因此，要提高雏鹅成活率就要考虑从有《种畜禽生产经营许可证》《动物防疫卫生许可证》和检疫合格证的种鹅孵化场选择雏鹅。

（2）对雏鹅本身的选择：要求雏鹅在正常的时间内出壳，出壳过早或过晚的鹅苗其质量都不可靠。雏鹅必须是脐环愈合良好、干净，腿脚健壮，腹部大小适中和软硬适度、没有畸形。

2.高度重视免疫接种工作

鹅的抗病力相对较强，常见病比较少。但是小鹅瘟、鹅副黏病毒病和新型病毒性肠炎三种病对雏鹅的危害是比较大的，在许多省区都有这些疾病发生的报道。这三种疾病都是由病毒引起的、以危害雏鹅为主的传染病，一旦雏鹅发生后没有有效的治疗药物，常常导致高达30%～90%的死亡率，这也是引起雏鹅死亡的最关键因素。

目前，在国内一些农业院校和科研单位已经研制和生产了抗小鹅瘟血清、抗鹅副黏病毒病血清，只要在相应日龄进行免疫接种，都可获得满意的预防效果。

3.加强饲养管理

（1）管理好温度：出壳雏鹅的体温较成鹅低2～3℃，神经和体液系统功能发育尚不健全，对外界温度的变化适应能力极弱，缺乏自身调节能力；同时，雏鹅的绒毛稀薄不保暖，皮下脂肪尚未形成，保温性能较差。当育雏温度过低时，雏鹅因畏寒而拥挤成堆，俗称埋堆，此时在下层的雏鹅极易被压伤、闷死。因此，育雏期日夜24小时应有饲养员值班，对育雏做到勤观察、勤赶堆，发现埋堆要及时用手将成团集堆的雏鹅拨移到饲料槽边和饮水器旁，诱其采食和饮水。育雏时应小群分育，鹅群数量大时将育雏室分隔为若干个小栏，可减少成堆。提高室温，减少室温与育雏伞内的温差亦可减少成堆；若采用红外线灯保温，灯泡吊离地面的距离应适当高些，这样可扩大热量的辐射面，有利于鹅群散开，减少埋堆现象。

（2）管理好湿度：保持育雏室适宜的相对湿度也十分重要，尽管鹅是水禽，但是在育雏室内如果湿度大则容易导致垫草发霉，引起雏鹅曲霉菌病，同时还会造成雏鹅皮肤发痒，引起相互啄毛而影响羽毛的生长，进一步影响鹅的御寒能力。此外，一些鹅的腿部疾病也与环境湿度大有关。因此为防止育雏室湿度过高，垫料潮湿要及时更换、翻晒；不洒水于地面上，保持舍内干燥；饮水器四周设护栏，防止雏鹅戏水弄湿羽毛和场地。

（3）及时补充水分：雏鹅消化道短而小，其长度约为成鹅的40%，所以对饥渴比较敏感，特别对缺水最敏感。在育雏的头3天，机体得不到水分的及时补充，或育雏舍长期控温过高等，体内可能失去很多水分。雏鹅一般失水5%就会导致食欲减退，体重减轻；失水10%则生理失常，代谢紊乱；失水超过12%会导致死亡。雏鹅失水的症状表现为脚干瘪、体重减轻、精神不振等，若处理不当，可造成大批死亡。

对轻度失水的雏鹅，恢复供水即可；对严重失水的雏鹅，若马上供水，雏鹅见水就会暴饮引发大批死亡。所以对严重失水的雏鹅应全群暂停供水，用无针头的注射器每只灌服5～10毫升的生理盐水、电解质或维生素B稀释液。操作时左手将雏鹅捉住提起并用食指和拇指把雏鹅嘴巴分开，右手用注射器吸取灌服液并将其挤入食道，隔1小时再重复1次。另外，在每千克饲料中添加复合维生素B溶液100毫升和维生素C 100毫克，拌匀再加水拌湿喂雏鹅，并逐步加大湿料水分，饲喂半天后才供给饮水，以后仍保持充足的清洁饮水。

（4）做好日常的卫生消毒工作：及时更换潮湿的垫草，保持垫草的干燥有利于减少一些寄生虫病和霉菌性疾病的发生；定期清扫育雏室和运动场，做好育雏室和外环境的消毒，及时杀灭环境中的病原微生物是预防疾病的重要举措。

（5）保证科学喂养：雏鹅在接进育雏室后要及时潮口（第一次饮水），水温应控制在25℃左右。在育雏期间必须保证饮水的质和量，饮水用具要定期刷洗和消毒，采取措施减少鹅踩入饮水用具中或把粪便拉进其中；保证在有光照的时间内饮水用具内有足够的清水，缺水会影响雏鹅的采食和生长，如果缺少后再加水会造成雏鹅暴饮而发生水中毒。青草在喂饲前要充分晾干，喂饲带露水的草会造成雏鹅拉稀。

（6）做好弱雏复壮工作：在大群饲养过程中不可避免地会在雏鹅群内出现一些弱小的个体，如果不及时进行合理的处理则它们很容易死亡或伤残。对于弱雏可采取如下处理措施。

①及时隔离：通过日常的观察，发现弱雏后及时将其从大群中隔离出来，放置在单独设置的弱雏圈内。如果没有及时发现和隔离，弱雏在大群内很容易被撞倒和踩伤、踩死，也不能及时得到足够的营养。

②适当保温：弱雏本身体内蓄积的营养比较少，御寒能力差。为了减少弱雏体热的散失，促进其恢复，要求弱雏鹅

圈的温度要比其他圈的温度高2℃。可以将弱雏圈设在靠近热源的地方或另外设置加热装置。

③补充营养：由于弱雏的采食量少，体内主要营养素的积存量少，甚至处于某些营养素的临界缺乏状态，只有及时补充营养才能促进其恢复。可以通过在饮水器内添加适量的葡萄糖、复合维生素、小苏打等以调节其生理机能、增强其抵抗力，同时增加配合饲料的使用量。

④合理治疗：对于弱雏可以考虑使用一些抗生素以增强其抗病能力，对于有外伤的个体还要及时进行消毒和敷药。

（7）合理使用药物预防细菌性疾病和寄生虫病：地面垫料养殖的，雏鹅经常与比较脏的地面接触而容易发生寄生虫病和细菌性疾病，因此需要定期使用一些抗生素和抗寄生虫药物进行防治。

（8）减少意外伤亡：在第1周，饲养人员需要昼夜值班以防止雏鹅挤堆和其他动物危害；室内工具摆放要稳当，以防工具翻倒后砸死雏鹅；保持环境安静以减少惊群现象的出现。饲养员定时在雏鹅群周围巡查，发现问题及时处理。

（9）防止鼠害：老鼠不仅使雏鹅因突受惊吓而引起死伤外，还会传染疾病，因此在育雏前统一灭鼠。进出育雏室应随手关门窗，堵塞室内所有洞口。平时注意采取灭鼠措施。

4.防止中毒

（1）防止药物中毒：在预防细菌性疾病和寄生虫病时需要使用相关的药物，药物的用量要严格按照使用说明，不能够随意加大使用量；药物添加到饲料中时必须保证搅拌均匀，否则局部饲料中药物含量过高会导致中毒的发生；如果把药物添加到饮水中则要求药物能够在水中充分溶解。

（2）防止农药中毒：鹅饲料以草为主，在有的地方养鹅户自己种植的牧草不够使用，需要到田间地头收集杂草。使用杂草时，一定要注意其来源地在近期内没有喷施过农药。

（3）防止煤气中毒：在鹅育雏期间需要采取加热措施，而许多养殖户都是使用煤炉加热。如果不注意排出煤气，加上育雏室密闭比较严实，容易造成室内 CO 和二氧化碳含量严重超标，轻者影响雏鹅发育，重者导致雏鹅中毒死亡。使用煤炉加热时，必须有良好的排烟设施，使煤燃烧产生的 CO 和二氧化碳能够及时排出室外，同时每天在中午前后气温较高的时候打开门窗进行通风换气，保证室内良好的空气质量。

（4）防止饲料中毒素中毒：一是不要使用有毒植物喂饲雏鹅或在饲料中混入这些植物，如高粱苗、夹竹桃叶、苦楝树叶、天南星等；二是不要使用腐烂变质的青菜以防止亚硝酸中毒；三是青贮饲料的使用要适量，不超过饲料总量的30%。

第二节　29～60日龄鹅的管理

肉用鹅29～60日龄的培育期也称为生长肥育期，习惯上将4周龄开始到出栏这段时间的肉用鹅称为仔鹅。育肥鹅的饲养管理要求是保证其营养供应，充分发挥此期生长发育快的优势，使之体壮个大，尽快上市。

一、29～60日龄鹅的生理特点

29日龄后雏鹅的纤细胎毛逐渐被换掉，进入长羽毛的时期，同时消化道的容积明显增大，消化能力也明显增强，对外界环境的适应性和抵抗力已大大加强。在生长发育上，这一阶段采食量最多，消化最快，生长也快，脂肪沉积多，肉的品质得以完善，是决定肉用鹅商品价值和养殖效益的重要阶段。

到60日龄左右大型鹅体重达3～4千克以上，中小型鹅体重达2.5～3.5千克以上时，消耗饲料量加大，其每天的饲料等费用总成本大于每天收入，要及时出栏。

二、29～60日龄鹅的饲养管理

采用"一段式"养殖方式的继续原舍饲养直至出栏，"两段式"养殖方式的在29日龄时将其全部转入准备好的育肥鹅舍进行育肥。转舍或分栏时宜抓鹅颈部，不宜抓脚部，轻拿轻放。转舍时盛放鹅的箱或笼底部要垫软垫料，装的密度要适中，运输要防颠簸、防剧烈摇动，尽量减小应激。

（一）29～60日龄鹅的日常管理

1.29～44日龄

（1）温度：从29日龄后温度始终保持自然温度，但冬季温度不能低于10℃。

（2）湿度：50%～65%。

（3）光照：弱光昼夜照明。

（4）分群饲养：无论是采用"一段式"养殖还是"两段式"养殖，在大群饲养时，往往强者采食多，生长快，弱者采食少，生长慢，差异逐渐增大。因此应及时将弱鹅挑出另养，否则其采食饮水不能满足需要，易被挤压、践踏，导致育肥鹅出栏时残次鹅数量增多，影响到经济效益。

（5）更换饲料："公司＋农户"养殖的根据公司要求进行更换饲料，专业户饲养模式要更换为育肥期饲料。每天可喂5次，其中夜间1次，吃完精料后，再喂少许青饲料，有利于消化。

（6）饲喂与饮水：采取自由采食和自由饮水制，即全天24小时保持供应饲料和饮水，并经常保持饲料和饮水的清洁卫生。

育肥鹅采食和饮水时，采食间隔距离每只不少于10厘米，饮水间隔距离每只不少于1.5厘米。饲料桶和饮水器应均匀分布，以防抢食和生长不均匀。水要常换，保持新鲜清洁。采用自动饮水器的，要经常注意检查其供水情况，适时修理和更换损坏的饮水器。水位高度应同鹅背持平，既方便鹅饮水，又不使饲料随水从鹅口中流出。

（7）驱虫：30日龄用丙硫苯咪唑驱虫一次，按每千克体重用药10～25毫克。

（8）日常管理

①29日龄以后除非冬季，则以通风为主，特别是夏季，通风不仅能提供鹅群代谢充足的氧气，同时还能降低舍内温度，提高采食量，促进生长速度。

②肉用鹅育肥期采食量和饮水量增大，排泄物的量和排泄物的含水量也大幅度增加，造成垫料的湿度增加。采用垫

料育肥的在高温条件下，湿垫料容易腐败产生有害气体，影响鹅的生长发育。鹅接触湿料容易弄脏羽毛，既影响美观又不利于散热或保温。由于鹅不能像鸡那样翻耙垫料，因此需要人工将垫料蓬松，更换掉湿垫料或在原垫料的基础上再铺上一层厚5～8厘米的新垫料。采用网床育肥的，网下的粪便每周清除1次。

③在炎热的天气下，应多设置水盆；装备风扇，用动力加强通风散热；直接向鹅身或舍顶喷水，防止鹅中暑，其中风扇通风结合水雾喷洒的方法作用很大。

④如果鹅群的密度太大，通风不好，或者饲料营养不全面，都会引起鹅互相啄羽。啄羽使鹅的羽毛被动脱落，影响屠体的外观，严重时容易使鹅受伤出血，甚至胃肠内脏被啄出而致死。鹅是不断喙的，所以须在饲养管理上下工夫，地面垫料平养密度降为每平方米8～10只，网上平养密度降为每平方米10～15只。同时地面和垫料要保持干燥，舍内通风良好，饲料营养全面等。

2.45～60日龄

为了提高肉用鹅肥度，使肉质更加鲜美细嫩，从45日龄（见彩图7）开始育肥最为适宜。

（1）温度：保持自然温度，但冬季温度不能低于10℃。

（2）湿度：50%～55%。

（3）光照：弱光昼夜照明。

（4）饲喂方式：鹅育肥和鸭一样也分为自食育肥和填饲育肥两种。

①自食育肥：自食育肥采取自由采食和自由饮水制，即全天24小时保持供应饲料和饮水，保证鹅只能吃多少就给多

少，并且经常敲打料盆唤起鹅，使鹅多吃料，迅速促进其生长和育肥。吃完精料后，再喂少许青饲料。并保持饲料和饮水的清洁卫生。饲料中也要添加一些砂粒或将砂粒放在运动场的角落里，任鹅采食，以助于消化。

②填饲育肥：填鹅方式和填鸭差不多，此法能缩短肥育期，肥育效果好，但比较麻烦。填饲育肥从45日龄开始，经过10～15天的填饲，体重可达上市体重。填饲肥育法又分手工填肥法和机器填肥法。

Ⅰ.填饲前准备：填肥开始前按体重大小和体质强弱分群饲养。最好将鹅群按公母分开填饲，因为公鹅的生长速度比母鹅快。

Ⅱ.填饲饲料的处理：将填饲饲料（配方见本书第三章）用水调制成稠粥状，料水各占一半左右。填饲初期水料可稀一些，后期应稠一些。填饲前先把水稀料焖浸约4小时，填饲时用填饲机搅拌均匀后再进行。夏季高温时不必浸泡饲料，防止饲料变馊，或只进行短时浸泡。

Ⅲ.填喂量：第一天（45日龄）为250克，第2～3天（46～47日龄）为200～250克,第4～5天（48～49日龄）为300～350克,第6～7天(50～51日龄)为400～450克,第8～10天（52～54日龄）为500～550克，第11～15天（55～60日龄）为600克。

Ⅳ.填饲次数：每昼夜4次，即上午9：00，下午3：00，晚上9：00和清晨3：00。

Ⅴ.填饲方法：填饲分手工填饲和机器填饲两种。手工填饲每人每小时只能填40～50只，手压填鹅机每人每小时可填鹅300～400只，电动填鹅机每人每小时可填鹅1000多只。现在一般采用填鹅机进行肉鹅填饲。

●手工填肥法：用左手握住鹅头，两腿夹住鹅体，使其保持直立。用左手拇指和食指将鹅嘴撑开，用右手将食条强制填入鹅的食道。每填1条用手顺着食道轻轻地推动一下，帮助鹅吞下。

●机器填肥法：填饲员的左手抓住鹅头，食指和大拇指捏住鹅嘴基部，右手食指伸入鹅口腔，将鹅舌压向下腭，然后将鹅嘴移向机器，小心地将事先涂上油的喂料小管插入食道的膨大部，应注意使鹅颈伸直，填肥人员左手握住鹅嘴，右手握住鹅颈部食道内小管出口处，然后开动机器，右手将食道内饲料挤往食道下部，如此反复，直到饲料填到比喉头低1～2厘米时，可关机停吃。其后，右手握住鹅的颈部饲料的上方和喉头，使鹅离开填饲机的小管，为了防止鹅吸气时饲料掉进呼吸道，导致窒息，填肥人员的右手应将鹅嘴闭住，并将颈部垂直向下拉，用右手食指和拇指将饲料向下擝3～4次。饲料不要填太多，以免过分结实，堵塞食道，引起食道破裂。

Ⅵ.注意事项：在填喂育肥期间，要消化填入的饲料，迅速长肉，沉积脂肪，生理机能处于十分特殊的状态，加强管理显得极为重要。因此填喂要定时，一昼夜填4次，每8小时填一次。每次填喂前应检查消化情况，一般填饲后7小时左右饲料基本消化，如触摸颈部仍有滞食，表明消化不良，应暂停填喂或少填并在饮水中加入0.3%的小苏打；填喂后要及时供给充足的清洁饮水，以帮助消化，增强体质，防止出现残鹅；要保持鹅舍清洁卫生，做到环境安静，光线暗淡，不得粗暴驱赶和高声吵嚷；保持舍内通风良好，凉爽舒适，促进脂肪沉积。填后放在安静的舍内休息。

（5）日常管理

①育肥鹅身体肥胖，体重增加快，而腿部发育跟不上，极易发生腿病，须小心预防。除饲料中钙、磷及其他微量元素需足够外，在管理上也应小心仔细，尽量不惊扰鹅群，对久卧不起的鹅应适时轻轻轰赶，使其行走，以免腿部和其他部位淤血或瘫软，胸腹部出现挫伤等。

②鹅出栏后要空舍2周的时间，提前预定下一批雏鹅。

（二）改善鹅肉品质的措施

1.减少胴体异味

在鹅育肥后期尽量少用对胴体产生不良影响的原料，如鱼粉、大豆等。另外，在饲养后期应慎用一些抗生素及化学添加剂，为去除育肥鹅胴体异味，可在饲喂中添加一些橘皮粉、松针粉、生姜、茴香、八角、桂皮等。

2.减少胴体红斑、次斑、皮下溃疡、破皮等

胴体红斑、次斑、皮下溃疡、破皮等都影响着育肥鹅的分级和销售价格，因此在育肥鹅饲养时应注意以下事项：

（1）饲养密度不可过大。过大容易引起肉用鹅惊群，相互拥挤、碰伤，造成鹅体损伤。

（2）在出栏育肥鹅时，严禁用脚踢和用硬器赶及用手摔，以免造成鹅体伤痕。

（3）装卸时，一只手只能抓一只鹅，同时注意要轻抓轻放，以防鹅体受伤。

3.控制胴体药物残留

出栏前1周，严禁使用任何药物。饲料中可加百特药残

净，以排除和减轻药物残留问题，提高出口的等级质量，并具有促生长、增强机体免疫力的功效。

第三节 季节管理重点

1.春季管理的重点

春季前期会偶有寒流侵袭，春夏之交，天气多变，会出现早热天气，或出现连续阴雨，要因时制宜，区别对待，保持鹅舍内干燥、通风，搞好清洁卫生工作，定期进行消毒。

（1）防寒保暖：春天气候寒冷多变，给养鹅生产带来许多不便。在一般情况下，可采取适当增加饲养密度、关闭门窗、饮用温水和火炉取暖等方式进行御寒保暖。

（2）适度通风：春季要切实处理好通风与保暖的关系，及时清除鹅舍内的粪便和杂物，在中午天气较好时，开窗通风，使舍内空气清新，氧气充足。

（3）减少潮湿：春季鹅舍内通风量少，水分蒸发量减少，加之舍内的热空气接触到冰冷的屋顶和墙壁会凝结成大量水珠，造成鹅舍内过度潮湿，给细菌和寄生虫的大量繁殖创造了条件，对养鹅极为不利。因此，一定要强化管理，注意保持鹅舍内地面的清洁和干燥，及时维修损坏的水槽，加水时切忌过多过满，严禁向舍内泼水等。

（4）定期消毒：消毒工作应贯穿养鹅的全过程。冬春季节气温较低，细菌的活动频率下降，但稍遇合适条件，即可大量繁殖，危害鹅群。冬春气候寒冷，鹅体的抵抗力普遍减弱，若忽视消毒，极易导致疾病暴发流行，造成巨大的经济损失。冬春季节养鹅常采用饮水消毒的办法，即在饮水中按比例加入消毒剂（如百毒杀、次氯酸钠等），每周饮用一次即可。对鹅舍的地面可使用白石灰、强力消毒灵等干粉状消毒剂进行喷洒消毒，每周1～2次较适宜。

（5）增强体质：春季肉用鹅的抵抗力下降，要特别注意搞好防疫灭病的工作，定期进行预防接种。根据实际情况，也可定期投喂一些预防性药物，适当增加饲料中维生素和微量元素的含量，忌喂发霉变质的饲料、污水和夹杂有冰雪的冷水，以利提高鹅体的抵抗力。

（6）防止贼风：从门窗缝隙和墙洞中吹进的寒风称为贼风，它对鹅的影响极大，特别容易使鹅患感冒。因此，要注意观察，及时关闭门窗，堵塞墙洞及缝隙，防止贼风侵扰。

（7）消除鼠害：春季外界缺少鼠食，老鼠常会聚集于鹅舍内偷食饲料、咬坏用具，甚至传染疾病，咬伤、咬死鹅只，或者引起鹅的应激反应，对养鹅危害极大，因此要做好灭鼠工作。

2.夏季管理的重点

6月底至8月，是一年中最热的时期，由于鹅没有汗腺又由于有羽毛的覆盖，鹅体的散热受到很大限制。当气温越过等热区时，鹅体温上升，在未搞好防暑降温的情况下，鹅发生急性热应激甚至热昏厥的现象时有发生。高温、高湿的环境还使鹅舍粪便易于分解，造成鹅舍内有害气体含量过高，危害鹅体健康。为使夏季饲养的肉用鹅健康和正常生长，应抓好以下措施。

（1）保持饲料新鲜：在高温、高湿期间，自配料或购入饲料放置过久或饲喂时在料槽中放置时间过长均会引起饲料发酵变质，甚至出现严重霉变。因而夏季应减少每次从饲料厂购回的饲料量，以1周左右用完为宜，保证饲料新鲜。在饲喂时应采用少量多次，尤其是采用湿拌粉料更应少喂勤添。

（2）适当调整供料时间：早晨可提早1～2小时在清晨4～5时开始喂料，晚上也应适当延长饲喂时间，这样可避开高温对采食量的影响。

（3）做好环境控制，防止发生热应激

①减少太阳辐射热：在鹅舍的屋顶加厚覆盖层，或在屋顶淋水，做好鹅舍周围环境的绿化工作。

②加快鹅体散热：鹅舍四周敞开，加大通风量。给鹅饮清洁的自来水或冷水，采用通风设备加强通风，保证空气流动。夜间也应加强通风，使鹅在夜间能恢复体力，缓解白天酷暑抗应激的影响。

③降低饲养密度：减少鹅舍内饲养数和增加鹅舍中水、食槽的数量，可使鹅舍内因鹅数的减少而降低总产热量，同时避免因食槽或水槽的不足造成争食、拥挤而导致个体产热量的上升。

（4）加强疫病防治：及时做好免疫接种和疾病治疗工作；注意鹅群采食量、饮水量及排粪情况的观察，一旦发现异常及时采取措施。

（5）减少对鹅群的干扰：避免干扰鹅群，使鹅的活动量降低到最低限度，减少鹅体热的增加。

（6）做好日常消毒工作：健全消毒制度，防止鹅因有害微生物的侵袭而造成抵抗力下降，防止苍蝇、蚊子孳生，使鹅免受虫害干扰，增强鹅群的抗应激能力。

3.秋、冬季管理的重点

秋、冬季节的管理主要是防寒保温、正确通风、降低舍内湿度和有害气体含量等。

（1）保温通风结合：秋、冬季气候变冷，而舍内需要的温度与外界气温相差悬殊，既要通风换气，又要保持舍内温度，这就是冬季应解决的主要问题。在通风换气的同时，注意不要造成舍内温度忽高忽低，严防由于温差过大造成应激反应引起疾病，通风口以高于鹅背上方1.5米以上为宜。当气温急剧下降，防寒保温工作跟不上时，往往易使肉用鹅外感风寒，发生咳嗽、喷嚏、呼吸困难等症状为特征的呼吸道疾病。

在秋季要把鹅舍维修好，防止贼风、穿堂风侵袭鹅群。垫料饲养的肉用鹅群要加厚垫料，利用垫料来提高室内温度。要勤换垫料，中午开窗通风。

（2）谨防氨气蓄积：秋、冬季节，常常由于鹅群排泄的粪便和潮湿的垫料未能及时清除，致使鹅舍内氨气蓄积，浓度增大，导致肉用鹅氨气中毒或引发其他疾病。为了防止氨气对肉用鹅的不良影响，建议养鹅场（户）抓好以下饲养管理工作：

①铺设的垫料要有一定的厚度，一般在5厘米以上。

②操作时尽量减少洒水，防止水槽漏水，弄湿垫料。

③如果鹅舍内湿度过大，则应及时清除舍内粪便及潮湿的垫料。

此外，可使用吸氨除臭剂来降低鹅舍的氨气浓度，常用的有硫酸亚铁、过磷酸、硫酸铜、熟石灰之类。

（3）饲料营养巧搭配：由于秋、冬季气温偏低，肉用鹅的热量消耗较大，配制日粮时可适当提高饲料中代谢能的标准，而适当降低饲料中蛋白质的比例，同时要特别注意日粮中维生素的含量，满足其需要。饲料应现拌现喂，有条件时可以喂热料，饮温水。所配饲料的原粮必须无霉变、无杂质，以防诱发呼吸道疾病。日粮中不过量用盐，防止喝水多，导致鹅粪含水分高或拉稀。

另外，饲料中含脂率不要过高，否则会使粪便黏稠，落在垫料上易板结。

（4）严防疾病传播：当肉用鹅体质较弱，抵抗力下降时，一些疾病的发生还可并发呼吸道疾病。因此，在提高机体抵抗力的同时，要做好有关疾病的防治工作。有疫苗预防接种的要严格按免疫程序进行预防注射。平时要经常使用一些预防疾病的药物，饲养期间宜采用高效无毒的消毒剂进行喷雾消毒。定期带鹅消毒，一般采用喷洒消毒和饮水消毒配合执行。肉用鹅发生呼吸道疾病以后要及时确诊，对症下药。对症治疗可适当应用一些平喘、止咳的药物，可减少因呼吸困难而死亡的数量。

一般来说，网上平养的肉用鹅群易发生非传染性呼吸道病，尤其是25日龄左右的肉用鹅以冬季时易发。引起该病的原因不是细菌或病毒，也不是寄生虫，而是饲养管理不善的结果，一般从第一天开始，连续或间断的空气干燥、粉尘过多，且在通风不良情况下，被鹅群吸入、长期蓄积而致病。防治措施是在保持舍内温度前提下，加大通风量，以保证舍内氧气含量。尽量减少不必要的应激因素，采取一切可行手段让鹅采食，以保证机体能量需要，增强鹅只抗病能力。

　　除采取以上相应措施外，在饮水和饲料中添加适量的抗菌药物和维生素。

　　（5）防止一氧化碳中毒：加强夜间值班工作，经常检修烟道，防止漏烟。

　　（6）增强防火观念：冬季养鹅火灾发生较多，尤其是专业户的简易鹅舍，更要注意防火，包括炉火和电火。

第五章　肉用鹅的健康保护

　　肉用鹅的生长期短，在成长过程中，无论发生何种疾病，在出栏前大多来不及恢复，预防控制疾病的发生才是上策。所以，肉用鹅控制疾病方案必须是预防性的，而不是治疗性的。只有在预防措施失败时，才增加实施治疗方案。

第一节　鹅病综合防治措施

　　鹅的疾病防治是养鹅的重要环节，有时是养鹅能否成功的关键。鹅的疾病可分为三大类，一类是由于饲养管理不善等原因引起的疾病，如外伤、饲料中毒及缺乏某种营养等普通病。二类是由于寄生虫寄生在鹅体内或体表引起的寄生虫病。三类是由病原微生物引起，具有一定的潜伏期和症状，并能传播蔓延的传染病。随着工厂化、集约化和现代化养鹅业的日益发展，预防和控制鹅的疾病工作显得尤为重要。有效地防治鹅病，是养鹅场生产经营成功的一个重要保障。

一、科学的饲养管理

（一）把好引种关

预防鹅病，雏鹅的来源是根本，选择无病原感染、抗病力强、适应本地条件的优良鹅种是鹅业生产的基本保证。养殖户或种鹅饲养场应从种源可靠的无病鹅场引进种蛋或雏鹅。因为有些传染病，如禽副伤寒、小鹅瘟等也可以从感染母鹅通过受精蛋或病原体污染的蛋壳传染给新孵出的后代，这些孵出的带菌（毒）雏鹅或弱雏，很容易大批发病死亡。即使外表健康的带菌雏鹅，在不良环境等应激因素影响下，也很容易致病或死亡。因此选择无病原污染的雏鹅是提高雏鹅成活率的重要因素。

为防止将病原体带入鹅场或鹅群，有条件的饲养场或养殖户，最好坚持自繁自养。

（二）搞好隔离

鹅在大规模饲养时，很容易感染各种疫病，必须建立严格的防疫制度，切实做好清洁卫生及疾病防治工作。

1.禁止人员来往与用具混用

应避免外人进入和参观鹅场，以防止病原微生物交叉感染。同时要做到专人、专舍、专用工具饲养。工作时要穿工作服、鞋，接触鹅前后要洗手消毒，以切断病原传播途径。

2.严防禽兽窜入鹅舍

严防野兽、飞鸟、鼠、猫、狗等窜入鹅舍，防止惊群、咬伤和传播病菌，尤其要注意定期灭鼠。另外，还应防止昆虫传播疾病。

3.杜绝市售家禽产品进入场区

住在本场区内的工作人员不得外购任何种类的家禽产品（所需禽产品可由本场供应自产产品），并且场内不得饲养任何家禽和鸟类。

4.设置消毒设施

场门口设消毒池，无关人员不要进入养殖场（舍）；饲养人员进舍必须更换工作服、工作鞋、工作帽。

5.及时发现、隔离和淘汰病鹅

饲养人员要经常观察鹅群，及时发现精神不振、行动迟缓、毛乱翅垂、闭眼缩颈、食欲不佳、粪便异常、呼吸困难、咳嗽等症状的病鹅，及时将其隔离或淘汰，并查明原因，迅速对症处理。

（三）满足营养需要

疾病的发生与发展，与鹅群体质强弱有关，而鹅群体质强弱，与鹅的营养状况有着直接的关系。如果不按科学方法配制饲料，鹅缺乏某种或某些必需的营养元素，就会使机体所需的营养失去平衡，新陈代谢失调，从而影响生长发育，体质减弱，易感染各种疾病。另外，有时虽然按科学方法配制了饲料，但由于饲喂和管理方式不科学，也会影响机体的正常代谢功能，使其营养的消化吸收减弱或受阻，导致机体的体质减弱，生长发育受阻。因此，在饲养管理过程中，要根据鹅的品种、大小、强弱不同，分群饲养，按其不同生长阶段的营养需要，供给相应的配合饲料，在做到饲料全价性的同时，采取科学的饲喂方法，保证鹅体的营养需要，就可以有效地防止多种疾病的发生，特别是防止营养代谢性疾病的发生。

（四）消毒控制

消毒就是用化学或物理的方法杀灭鹅舍、运动场、用具、饲槽、饮水、排泄物和分泌物等的病原微生物。它是预防疫病发生、阻止疫病继续蔓延的主要手段，是一项极其重要的防疫措施。

日常消毒控制除采用简单有效的物理消毒方法外，还要采用化学消毒方法。

1.消毒的种类

消毒分疫源地消毒和预防性消毒两种。

（1）预防性消毒：预防性消毒是指尚未发生动物疫病时，结合日常饲养管理对可能受到的病原微生物或其他有害微生物污染的场舍、用具、场地、人员和饮水等进行的消毒。

（2）疫源地消毒：疫源地消毒是指对存在着或曾经存在着传染病传染源的场舍、用具、场地和饮水等进行消毒。目的是杀灭或清除传染源。疫源地消毒又分为随时消毒和终末消毒两种。随时消毒是指当疫源地内有传染源存在时进行的消毒，如对患传染病的鹅舍、用具等每日随时进行的消毒；终末消毒是指传染源离开疫源地后对疫源地进行的最后一次消毒，如患烈性传染病鹅死亡后对其场舍、用具等所进行的消毒。

2.常用消毒方法

养殖场常用的消毒方法包括物理消毒、化学消毒和生物消毒法。

（1）物理消毒法：清扫、洗刷、日晒、通风、干燥及火焰消毒等是简单有效的物理消毒方法，而清扫、洗刷等机械性清除则是鹅场使用最普通的一种消毒法。

①煮沸法：适用于金属器具、玻璃器具等的消毒，大多数病原微生物在100℃的沸水中，几分钟内就被杀死。

②紫外线法：许多微生物对紫外线敏感，可将物品放在直射阳光中也可放在紫外灯下进行消毒。

③焚烧法：可用火焰喷射法对金属器具、水泥地面、砖墙进行消毒。对动物尸体也可浇上汽油等点火焚烧。

在使用火焰消毒时必须注意几个问题：喷灯接头与液化气瓶出口要连接好；使用前和使用后要检查喷灯开关是否关紧；点火前，打开液化气瓶总阀，然后边逐渐打开喷灯开关，边点燃；火焰的强弱由喷灯开关自由调节，温度在800～1200℃；使用后，必须先将液化气瓶总阀关掉，再关紧喷灯开关；使用时严禁朝液化气瓶喷火；喷灯应离液化气瓶3米以外使用；在点火前，必须检查是否有漏气现象，发现若有漏气现象严禁使用。

④机械法：即清扫、冲洗、通风等，不能杀死微生物，但能降低物体表面微生物的数量。

（2）生物热消毒法：生物热消毒也是鹅场常采用的一种方法。生物热消毒主要用于处理污染的粪便，将其运到远离鹅舍地方堆积，在堆积过程中利用微生物发酵产热，使其温度达70℃以上，经过一段时间（25～30天），就可以杀死病毒、病菌（芽孢除外）、寄生虫卵等病原体而达到消毒的目的，同时可以保持良好的肥效。

（3）化学消毒法：消毒剂的种类繁多，选购消毒剂时要根据场内不同的消毒对象、消毒环境条件等，有针对性地选购经兽药监察部门批准生产的消毒剂，或是选购经当地畜禽兽医主管部门推荐的适宜本地使用的消毒剂。但消毒剂品种的选择不是越多越好，应有针对性。考虑到消毒剂还会产生抗药性，如果养殖场要交替使用消毒剂，最好选择消毒药品种不超过三个。

选购消毒剂时要检查其标签和说明书，看是否是合格产品，是否在有效使用期内；要选用价格低、易溶于水、无残毒、对被消毒物无损伤、在空气中较稳定、使用方便、对要预防和扑灭的疫病有广谱、快速、高效消毒作用的消毒剂品种；注意不要经常性的选择单一品种的消毒剂，以防病原体产生耐药性，应定期及时更换使用过的消毒剂，以保证良好的消毒效果。

①消毒王：用于鹅舍、器械、饮水、带鹅消毒等。1：3000用于饮水消毒；1：1200用于细菌性疾病感染喷雾消毒；1：1000用于病菌性疾病感染喷雾消毒；1：2000用于鹅舍、器械喷雾、冲、洗、浸、带鹅喷雾消毒。

②菌毒速灭：本品可用于鹅的消毒，可有效预防鹅流感、鹅病毒性肝炎、大肠杆菌、沙门氏菌、巴氏杆菌等。1：3000用于喷雾、冲洗消毒，1：5000用于饮水、器具消毒。

③漂白粉：本品为次氯酸钙与氯化钙的混杂物，用于环境和用品的消毒以及病死鹅尸体的无害化处理。一般配成10%～20%混悬液。先称好漂白粉倒入大桶中，将团块捣细，加入少量水调成浆，再倒入其余水充分搅拌，用于鹅舍、食槽、车辆、排泄物的消毒，但应注意密封保存，现用现配，不能用于金属和纺织品的消毒；作饮水消毒时，每100千克水用漂白粉0.7克或漂白精2片，投入半小时后即可

使用。

④氯胺（氯亚明）：本品为有机氯消毒剂，其水溶液逐步离解为次氯酸而起杀菌作用。本品刺激性和腐蚀性较小，除用于环境和用具的消毒外，还能用于皮肤和黏膜的消毒。食槽、器皿消毒用0.5%～1%溶液；排泄物与分泌物消毒用3%溶液；饮水消毒，1升水用2～4毫克；黏膜消毒用0.1%～0.5%溶液。配制消毒溶液时，如加入等量的氯化铵，可使消毒溶液活化，大大提高消毒能力；活性溶液应于使用前1～2小时配制，时间过长，效果下降。

⑤二氯异氰尿酸钠（优氯净）：本品为有机氯消毒剂，是一种安全、广谱、长效的消毒剂，杀菌力强，可用于饮水、环境、用具及粪便消毒，也可用于水、加工厂、车辆、餐具等的消毒。0.01%～0.02%溶液用于环境、用具消毒；饮水消毒，每升水4毫克。本品水溶液不稳定，宜现配现用。不宜用于金属笼具的消毒。

⑥二氧化氯（超氯、消毒王，二元复配型高效消毒剂）：主要成分为二氧化氯及活化剂，有液体和粉状两种剂型，具备高效、低毒、除臭能力强、无残留等特点，可用于鹅舍、场地、用具、饮水消毒及带鹅消毒。使用前，先将二氧化氯粉或溶液，用适量的干净水稀释，加入活化剂，搅匀后再稀释到使用浓度用于消毒。有效氯含量为5%时，环境消毒，1升水加药5～10毫升，喷雾消毒；饮水消毒，100升水加药5～10毫升；用具、食槽消毒，1升水加药5毫克搅匀后，浸泡5～10分钟。二氧化氯使用时须用酸活化，现配现用，不得过期使用；为加强稳定性，二氧化氯溶液在保留时加入碳酸钠、硼酸钠等。

⑦碘酊：本品含有碘化钾，为红棕色澄清液体，杀菌力强，主要用于手术部位及注射部位的消毒，也可用于饮水消毒。手术部位及注射部位用碘酊棉球擦拭消毒；饮水消毒，每升水加2%碘酊0.4毫升。碘对皮肤和黏膜有一定的刺激性，使用后要用酒精脱碘。碘酊中的碘容易挥发，应置阴凉处密闭保留。

⑧复合碘溶液：本品是由碘、碘化钾与酸及适量的佐剂配制成的水溶液，为红棕色黏稠液体，含活性碘通常为1%～3%，对病毒、细菌、芽孢有较强的杀灭作用，可用于鹅舍、场地、用具、车辆、污染物的消毒。鹅舍、器械的消毒，用水将消毒剂稀释至1/100～1/300的浓度使用；饮水消毒，用2%浓度的碘溶液，每升水加入0.4毫升。宜现配现用，对金属用品有一定的腐蚀性。

⑨碘伏（聚维酮碘）：本品为碘与聚乙烯吡咯烷酮的络合物，深棕色粉末，含碘量约为10%。常用制剂通常含聚维酮碘5%～10%（即相当含碘量为0.5%～1%），腐蚀性、刺激性较小，水溶液相对较稳定。对病毒、细菌、芽孢有较强的杀灭作用，可用于鹅舍、场地、用具、车辆、污染物的消毒。以0.015%的水溶液（以有效碘计）用于环境、用具消毒。

⑩复合酚(农福、消毒净、消毒灵)：本品由冰醋酸、混杂酚、十二烷基苯磺酸、煤焦油酸按一定的比例混杂而成，为棕色黏稠液体，有煤焦油臭味，对多种细菌和病毒均有杀灭作用，可用于环境、鹅舍、笼具的消毒。以水稀释100～300倍后用于环境、鹅舍、用具的喷雾消毒。稀释用水温度不宜低于8℃，制止与碱性药物或其余消毒药液混用。

⑪来苏儿（甲酚皂溶液）：由煤酚与植物油、氢氧化钠按

一定比例配制而成。本品杀菌作用比苯酚强，毒性较低，主要用于鹅舍、用具、污染物的消毒。2%～3%的溶液常用于鹅舍、食槽、用具、场地、排泄物的消毒，1%的溶液用于手的消毒。

⑫氯甲酚溶液（菌球杀）：本品为甲酚的氯代衍生物，一般为5%的溶液，杀菌作用较强，毒性较小，主要用于鹅舍、用具、污染物的消毒。以水稀释30～100倍后用于环境、鹅舍的喷雾消毒。注意事项同复合酚。

⑬新洁尔灭（苯扎溴铵）：本品为无色或淡黄色澄清液体，易溶于水，水溶液稳定，耐热，可长期保存而效力不变，对金属、橡胶和塑料制品无腐蚀作用。本品杀菌作用快而强，毒性低，对组织刺激性小，较广泛用于皮肤、黏膜的消毒，也可用于鹅用具的消毒。0.1%水溶液可用于皮肤黏膜消毒。0.15%～2%水溶液可用于鹅舍内空间的喷雾消毒。忌与碘、碘化钾、过氧化物等合用，亦不可与普通肥皂配伍。不适用于饮水、粪便、污水消毒及芽孢菌的消毒。

⑭度米芬（杜米芬）：本品为白色或微黄色片状结晶，能溶于水和乙醇。为阳离子外表活性剂，主要用于杀灭细菌病原，消毒能力强，毒性小，可用于环境、皮肤、黏膜、器械和创口的消毒，以及带鹅消毒。皮肤、器械的消毒用0.05%～0.1%的溶液，带鹅消毒用0.05%的溶液喷雾。注意事项同新洁尔灭。

⑮百毒杀（癸甲溴铵溶液）：本品主要用于鹅舍、用具及环境的消毒，也用于饮水槽及饮水消毒。通常用0.03%溶液进行浸泡、洗涤、喷洒等。平时定期消毒及环境、器具消毒，通常按1：600倍水稀释，进行喷雾、洗涤、浸泡。饮水消毒，改善水质时，通常按1：（2000～4000）倍稀释。作饮水消

毒时用0.01%（万分之一）的浓度安全有效。

⑯菌毒清（辛氨乙甘酸溶液）：本品主要用于杀灭细菌病原，消毒能力强，无刺激性，毒性小，可用于环境、器械及饮水的消毒和带鹅消毒。环境消毒，以水稀释100～200倍喷雾。注意事项同新洁尔灭。

⑰过氧乙酸：本品属强氧化剂，是高效速效消毒防腐药，具有杀菌作用快而强、抗菌谱广的特点，对细菌、病毒、霉菌和芽孢均有效。本品可用于耐酸塑料、玻璃、搪瓷和用具的浸泡消毒，还可用于鹅舍地面、墙壁、食槽的喷雾消毒和室内空气消毒。过氧乙酸溶液浓度为20%，0.04%～0.2%溶液用于耐酸用具的浸泡消毒。0.05%～0.5%的溶液用于鹅舍及周围环境的喷雾消毒，本品稀释后不宜久贮（1%溶液只能保持药效几天）。本品对组织有刺激性和腐蚀性，对金属也有腐蚀作用，故消毒时应注意自身防护，避免刺激眼、鼻黏膜。

⑱火碱：本品的杀菌作用很强，对部分病毒和细菌芽孢均有效，对寄生虫卵也有杀灭作用，但对抗体有腐蚀作用，对铝制品、纺织品等有损坏作用。本品主要用于鹅舍、器具和运输车船的消毒。一般用1%～2%的溶液喷洒、浸泡消毒，加热使用效果更好。在溶液中加入少量食盐或5%的生石灰乳，可增强消毒力。

消毒前应先转移鹅，消毒2小时左右后用清水冲洗饲槽、地面，然后再进鹅。火碱有较强的腐蚀性，人、鹅皮肤应避免与药液直接接触，不能用于刀、剪、工作服、毛巾等物的消毒。用于金属器械浸泡消毒时，应控制浸泡时间，一般以1小时左右为好，浸泡消毒后的金属器械，应立即用清水将上面的火碱液冲洗干净。

⑲石灰粉、生石灰（氧化钙）：本品为价廉易得的良好的消毒药，以氢氧离子起杀菌作用，钙离子与细菌原生质起作用而使蛋白质变性。本品对大多数繁殖型细菌有较强的杀菌作用，但对芽孢及结核杆菌无效，常用于鹅舍墙壁、地面、运动场地、粪池及污水沟等的消毒。将生石灰直接撒在圈舍地面是不正确的，因撒石灰时会导致鹅舍内石灰粉尘大量飞扬，使鹅吸入呼吸道内，人为地造成一次呼吸道炎症，也经常造成鹅爪部灼伤，或因啄食石灰而灼伤口腔及消化道。正确使用石灰消毒的方法是将新鲜的熟石灰加水配制成10%～20%的石灰乳，也就是将生石灰与水按1∶7混合反应后滤除残渣即得，涂刷鹅舍墙壁和地面1～2次。石灰乳应现用现配，不宜久贮，以防失效。

⑳福尔马林(甲醛溶液)：为含37%～40%甲醛的水溶液，并含有甲醇8%～15%作为稳定剂，以避免甲醛聚合。对细菌、病毒、霉菌、芽孢有强大的杀灭作用，可用于鹅舍、器械的消毒以及室内空气的熏蒸消毒。2%福尔马林（0.8%甲醛）用于器械消毒，0.25%～0.5%的甲醛溶液常用于鹅舍等污染场地的消毒。通常用于菌苗灭活的浓度为0.1%～0.8%，用于疫苗灭活的浓度为0.05%～0.1%。熏蒸消毒时可将福尔马林加3～5倍的水，放入铁锅中加热煮沸（不可加高锰酸钾）。用高锰酸钾做氧化剂熏蒸时，可在甲醛溶液中加入2倍量的水，注意不要直接将高锰酸钾投入甲醛溶液中，以免溅出伤人。正确的熏蒸方法是选用陶瓷或搪瓷容器，将高锰酸钾溶于30～40℃的温水中，然后再缓慢加入加水的甲醛溶液，注意容器的容积应大于高锰酸钾溶液和甲醛溶液总容积的3～4倍。

㉑高锰酸钾（灰锰氧）：本品为黑紫色结晶或颗粒，有蓝色的金属光泽，是强氧化剂，遇有机物易发生强烈燃烧或爆炸。高锰酸钾经过氧化菌体内活性基团而发挥杀菌作用，能杀灭细菌、病毒，在高浓度时能杀灭芽孢。高锰酸钾溶液不仅可以消毒皮肤、器械，还可以让鹅饮用，对消化道进行消毒。外用消毒时溶液浓度为0.1%（深粉色），饮水消毒时浓度为0.01%～0.02%（淡粉色）。高锰酸钾也可和甲醛共同用于熏蒸消毒。宜现配现用，忌与复原剂配伍。

㉒酒精：即乙醇，为无色透明的液体，易挥发和燃烧。杀菌力最强的浓度为75%。酒精对芽孢无作用，常用于注射部位、术部、手、皮肤等涂擦消毒和外科器械的浸泡消毒。

㉓紫药水：紫药水对组织无刺激性，毒性很小，市售有1%～2%的溶液，常用于治疗创伤。

㉔草木灰水：草木灰是农作物秸秆或木材经过完全燃烧后的灰，是一种易得的消毒药。常用30%的浓度，配制时取3千克新鲜草木灰加水10千克，煮沸1小时，取上清液趁热用于鹅舍、墙壁、运动场、用具、排泄物及鹅舍进、出口处消毒，对杀灭病毒、细菌均有效。

㉕克辽林（臭药水）：5%～10%作用于鹅舍、墙壁、运动场、用具、排泄物及鹅舍进、出口处消毒。

㉖劲能（DF100）：1：1500用于环境、器具喷洒消毒或浸泡器械；防饲料霉变可按每吨饲料添加25克，防鱼粉霉变可按每吨鱼粉添加60克，拌匀，有效期6～8个月。

㉗菌毒敌：对预防某些病毒性传染病具有特效功能。鹅舍常规消毒时按1：300稀释，出现疫病时按1：100稀释，用喷雾器喷洒，此药必须用热水配制才能保证消毒效果。

3.消毒频率

一般情况下，每周要进行不少于2次的全场和带鹅消毒；发病期间，坚持每天带鹅消毒。

4.鹅场的消毒制度

肉用鹅场在出入口处应设紫外线消毒间和消毒池。鹅场的工作人员和饲养人员在进入饲养区前，必须在消毒间更换工作衣、鞋、帽，穿戴整齐后进行紫外线消毒10分钟，再经消毒池进入饲养区内。饲养员在饲喂前，先将洗干净的双手放在盛有消毒液的消毒缸（盆）内浸泡消毒几分钟。

消毒池和消毒槽内的消毒液，常用2%烧碱水或其他消毒剂配成的消毒液。而浸泡双手的消毒液通常用0.1%新洁尔灭或0.05%百毒杀溶液。鹅场通往各鹅舍的道路也要每天用消毒药剂进行喷洒。各鹅舍应结合具体情况采用定期消毒和临时性消毒。鹅舍的用具必须固定在饲养人员各自管理的鹅舍内，不准相互通用，同时饲养人员也不能相互串舍。

除此以外，外来人员和非生产人员不得随意进入场内饲养区，场外车辆及用具等也不允许随意进入鹅场，凡进入场内的车辆和人员及其用具等必须进行严格地消毒，以杜绝外来的病原体带入场内。

（五）做好基础免疫

有计划、有目的地对鹅群进行免疫接种，是预防、控制和扑灭鹅传染病的重要措施之一。尤其对鹅病毒性传染病如小鹅瘟、鹅副黏病毒等疫病的预防措施中，免疫接种更具有关键性的作用。免疫接种通常可分为预防接种和紧急接种。

1.预防接种

（1）疫苗的使用方法：预防接种是在健康鹅群中，还没有发生传染病之前，为了防止某些传染病的发生，有计划地定期使用疫（菌）苗对健康鹅群进行预防免疫接种。

①肌肉接种法：应选择肌肉丰满、血管少、远离神经干的部位，鹅宜在翅膀基部或胸部肌肉。接种部位要严格消毒，用2%～5%碘酊棉球或用75%酒精棉球（接种弱毒疫苗时不能用碘酊消毒接种部位，用75%酒精消毒，待干后再接种）。

②皮下接种法：应选择皮肤薄、羽毛少、皮肤松弛、皮下血管少的部位。鹅宜在翼下或胸部接种。注射部位消毒后，注射者右手持注射器，左手食指与拇指将皮肤提起呈三角形，沿三角形基部刺入皮下约注射针头的2/3，将左手放开后，再推动注射器活塞将疫苗徐徐注入。最后用酒精棉球按住注射部，将针头拔出。

③黏膜接种法：常见的为滴鼻、滴眼接种法。用蒸馏水或生理盐水按规定将疫苗稀释后，用干净、灭菌的吸管吸取疫苗，滴入鹅的鼻内或眼内。

④口服接种法：口服接种法有饮水法、饲喂法和口腔灌服法。先根据鹅数计算所需疫苗数量和饲料、饮水数量，按规定将疫（菌）苗加入饲料和水中，让畜禽自由采食、饮水或用容器直接灌入口腔。

⑤气雾接种法：根据鹅只多少计算所需疫苗数量、稀释液数量，无菌稀释后用气雾发生器在鹅头上方约50厘米喷雾，在鹅群周围形成一个良好的雾化区。

⑥刺种接种法：按疫苗说明书注明的稀释方法稀释疫苗，充分摇匀，然后用接种针或蘸水笔尖蘸取疫苗，刺种在

鹅翅膀内侧无血管处皮下。

（2）免疫程序

①1日龄：在无小鹅瘟流行地区，每只0.5毫升皮下注射或胸肌注射小鹅瘟雏鹅活苗（在确保母源抗体有效时可免除注射，并改用雏鹅用小鹅瘟疫苗皮下注射0.1毫升，同时免除7日龄注射）；在小鹅瘟流行地区，每只注射0.7毫升小鹅瘟抗血清。

②7日龄：鸭瘟疫苗，雏鹅接种鸭瘟疫苗1羽份/只。

③10日龄：禽流感油乳剂灭活疫苗，10日龄第1次注射0.5毫升/只，40日龄注射1毫升/只。

④28日龄：禽霍乱疫苗，雏肌注接种1次。

2.紧急接种

紧急接种是在发生传染病时，为了迅速控制和扑灭疾病的流行，而对疫群、疫区和受威胁地区尚未发病的鹅只进行临时应急性免疫接种。实践证明，在疫区对小鹅瘟、鹅副黏病毒病、禽霍乱等传染病使用疫（菌）苗，进行紧急接种是切实可行的，对控制和扑灭传染病具有重要的作用。紧急接种除应用疫（菌）苗外，对鹅常应用高免血清进行被动免疫，而且能够立即生效，如小鹅瘟应用抗小鹅瘟高免血清，能迅速控制该病的流行，即使对于正在患病的雏鹅群使用也具有良好的疗效。

在疫区或疫群应用疫苗作紧急接种时，必须对所有受到传染威胁的鹅群进行详细观察和检查，对正常无病的鹅进行紧急接种，而对病鹅和可能已受到感染的潜伏病鹅必须在严格消毒的情况下，立即隔离，观察或淘汰处理，不宜再接种疫苗。

3.免疫接种注意事项

（1）选购疫苗时应注意参照说明书查看疫苗的生产厂家、生产日期、有效期、观察疫苗的性状，检查是否密封，是否有破损和吸湿，不能购入过期或变质的疫苗，不能购买非国家正式批准生产疫苗厂家的产品；另外，应根据家禽的日龄和免疫水平选用疫苗。

（2）疫苗在运输或携带过程中，首先要保证适宜的温度，尤其要避免高温和阳光直射。冻干疫苗和非冻干的弱毒活疫苗应放在加有冰块的密封的保温瓶或泡沫盒中，并尽量缩短运输时间；油乳剂苗短时间内可在常温下运输，但在运输过程中应避免剧烈振荡；细胞结合苗（冷冻苗）应存放在液氮罐中运输。

（3）接种疫苗前应注意了解当地有无疫病流行，如发现遭受感染的鹅群应首先采取紧急防疫措施，但是必须要在明确诊断的基础上，选择使用对该鹅群病相应的疫苗或血清。此外，还应了解和检查被接种鹅群的健康状况、日龄、饲养条件、营养状态等。对日龄较小，体质较弱或有慢性病的鹅，如果没有受到传染威胁，最好暂缓接种，以免接种后引起不良反应。对于有严重寄生虫感染的鹅群，应先驱虫，对饲料管理差的鹅群，接种后应注意改善和加强，以确保防疫后能产生坚强的免疫力。

（4）目前鹅使用的疫（菌）苗分活苗（弱毒疫苗,致弱菌苗）和灭活疫（菌）苗两种。不同性质的疫（菌）苗应按不同的规定温度保存。对致弱菌苗、灭活菌苗等要低温冷藏或放在干燥、阴暗的地方保存，防止冷冻、高温和阳光直射而失去效力，但弱毒疫苗必须冷冻保存。

致弱菌苗和灭活菌苗在应用过程中也有不同的要求，如禽霍乱致弱菌苗在应用期间不能使用抗菌药物，否则会将致弱细菌杀死而失去作用，而灭活菌苗则相反。此外，在使用时如发现（菌）苗瓶破损，瓶签不清或没有瓶签，过期失效，制品的色泽和性状与说明不符的均不能使用。

（5）使用前要认真阅读说明书，了解所用疫苗的用途、用法、接种剂量等。不能随意将不同的疫苗混合使用。在发生疫情紧急接种时，应先注射健康群，再注射可疑群，最后接种发病群。

（6）仔细检查疫苗有无过期、污染、发霉、有摇不散的凝块或异物、无标签或标签不清、疫苗瓶有裂纹、瓶塞密封不严等情况，如有一律不得使用。所有疫苗一经开启应在2～4小时内用完。稀释好但尚未使用的活疫苗应放在冰箱或浸在冰水中，并在两小时内用完。接种完毕，双手应立即洗净并消毒，剩余的药液和疫苗瓶及所有用过的器械应用水煮沸处理或拔下瓶塞后焚烧处理。

（7）注射用具应事先清洗和煮沸消毒后使用。做到注射1只，换1个针头，避免通过针头传播病原体。饮水免疫时应注意水质，水中不应含氯，要保证绝大多数鹅喝到足够量的疫苗。

（8）预防接种后，接种反应时间内免疫接种人员要对被接种动物进行反应情况检查，详细观察鹅的饮食、精神、粪便情况，并抽查体温，对有反应的鹅应予以登记，对接种反应严重或发生过敏反应的应及时抢救、治疗。一般经5～7天没有反应时，可以停止观察。

（9）预防不同传染病应使用不同的疫苗。由于鹅年龄、母源抗体水平和疫苗类型等不尽相同，要根据不同情况，结合免疫监测手段，制订和执行正确的免疫程序，才能取得理想的预防效果。

（10）接种疫苗后应加强饲养管理，减少应激因素（如寒冷、拥挤、通风不良等），有利于机体产生足够的免疫力。

4.免疫失败

免疫失败与正常的免疫反应是有区别的。

（1）免疫失败：主要包括严重反应和免疫无效两个方面的内容。

①严重反应：鹅鹅在免疫接种后的一定时间内（通常 24～48 小时），普遍出现严重的全身反应，甚至大批死亡。

②免疫无效：鹅在免疫接种后，在有效免疫期内，完全不能抵御该种疫病的自然流行而造成严重损失。

（2）免疫失败的原因

①疫苗质量问题：非正规厂家生产的疫苗；疫苗保存出现问题。疫苗购买后如不立即使用，也未按标签要求保存，很快就会失效；疫苗使用期间出现问题。如疫苗从冰箱中取出后未在规定时间内用完，或违规将疫苗置于热炕上等，均可造成疫苗失效。

②接种技术问题：如使用不合格的稀释液、未严格消毒的注射器、针头，针头不及时更换，被病原污染，或针头型号过大、过长，注射时将针头刺入鹅胸腔、或刺中神经，免疫程序不合理等。

③被免疫机体的问题：被免疫鹅营养不良、发病期间等。

（3）控制免疫失败的方法

①购买正规厂家生产的疫苗，要检查疫苗标签上是否有

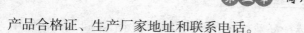

产品合格证、生产厂家地址和联系电话。

②按鹅品种、日龄、生产方向及疫苗使用要求，选择正确的接种方法。

③购买疫苗要用专用设备运输，使用前要严格按疫苗说明条件保存。

④疫苗一旦启封或稀释后，必须在2小时内用完。

⑤接种疫苗的对象，必须身体健康、营养状况良好、无病。

（六）药物预防

除对鹅群进行科学的饲养管理，做好消毒隔离、免疫接种等工作外，合理使用药物防治鹅病，也是搞好疾病综合性防治的重要环节之一。

鹅场应本着高效、方便、经济的原则，通过饲料、饮水或其他途径有针对性地对鹅使用一些药物，以有效地防止各种疾病的发生和蔓延。如在饲料中添加多种维生素、微量元素和氨基酸等，可起到弥补饲料养分不足和防治疾病的作用。许多抗菌药物不但可以杀灭病菌，还有促进鹅生长、改善饲料利用率的作用。如土霉素、金霉素、喹乙醇和杆菌肽锌等，可作为生长促进剂使用。为防止鹅寄生虫感染，可使用驱虫净、可爱丹、氯苯胍等抗寄生虫药物。

此外，为防止饲料发霉变质可加入丙酸钙等防腐剂；为防止饲料的氧化分解，可添加乙氧基喹啉（山道喹）、丁基化羟基甲苯（BHT）等抗氧化剂。值得注意的是，长期对鹅使用某一种化学药物防治疾病，易在鹅体内产生耐药菌株，从而使药物失效或达不到预期效果。因此，需要经常进行药物敏感试验，选择高效敏感化学药物进行防治。同时，在使用药物时要注意药物的残留，必需要按无公害畜产品生产要求来使用各种药物。病鹅经治疗康复后，必须经1周以上的正常饲养才可上市出售，以防药物残留。

（七）有害气体的控制

1.鹅舍中有害气体的种类及危害

鹅舍中有害气体主要有氨气、硫化氢、二氧化碳、一氧化碳和甲烷等，这些有害气体给鹅的健康和生产性能造成了严重的危害。

（1）氨气：氨气本身无色，有刺激性辣味，它是各种有机物（粪、尿、垫草、饲料等）的分解物，尤其当舍内潮湿、通风不良时，氨气含量会大大增加。氨气常常吸附于家禽黏膜、结膜上，即使是低浓度的氨气，也对黏膜有刺激作用，从而引起结膜和上呼吸道黏膜充血、水肿、分泌物增多，甚至发生喉头水肿、坏死性支气管炎、肺出血等。鹅对氨气特别敏感，鹅舍中氨气的最高浓度不能高于 20×10^{-6}。

（2）硫化氢：硫化氢是一种无色易挥发带有臭鹅蛋味易溶于水的气体，禽舍空气中的硫化氢主要来源于粪便、饲料残渣、破蛋等含硫有机物的厌氧分解。当家禽采食蛋白质饲料且发生消化障碍时，可由肠道排出大量硫化氢。硫化氢比重大，所以越接近地面浓度越高。禽舍中硫化氢的含量不宜超过 6.6×10^{-6}，其强烈的刺激作用可引起眼炎、呼吸道炎症，病禽畏光流泪容易发生鼻炎、气管炎。

（3）二氧化碳：二氧化碳无色、无味、略带酸味，禽舍中的二氧化碳主要是由家禽呼吸而来。二氧化碳本身无毒，它的主要危害是造成缺氧，引起家禽体质下降、增重迟缓、生产力下降。禽舍中二氧化碳的浓度不宜超过 1500×10^{-6}（0.15%）。

（4）一氧化碳：一氧化碳是一种无色、无味、无臭的气体，难溶于水。冬季在密闭式禽舍，主要是由于育雏舍内生火取暖，出现堵塞、漏烟，而此时门窗紧闭，通风不良，一氧化碳含量会急剧上升，它会造成肌体组织缺氧。中毒家禽轻者呼吸困难，全身无力，步态不稳；重者肢体瘫痪，呼吸急促甚至死亡。

2.有害气体的消除措施

（1）搞好通风换气：冬季既要注意防寒保温，又要适当通风换气。用燃煤进行保温育雏时，切忌长时间紧闭门窗，以防止通风不良。加温炉必须有通向室外的排烟管，使用时检查排烟管是否连接紧密和畅通。用甲醛熏蒸消毒鹅舍时，要严格掌握剂量和时间，熏蒸结束后及时换气，待刺激性气味减轻后再转入鹅群。

（2）控制鹅舍的湿度：舍内湿度过大时，可定时开窗使空气流通，或在地面放些大块的生石灰吸收空气中水分，待石灰潮湿后立即清除，也可用煤渣作垫料，吸附舍内有毒有害气体。

（3）净化鹅舍环境

①垫料除臭法：每平方米地面用0.5千克硫磺拌入垫料铺垫地面，可抑制粪便中氨气的产生和散发，降低鹅舍空气中氨气含量，减少臭味。

②生物除臭法：研究发现，很多有益菌（如 EM 菌）可以提高饲料蛋白质利用率，减少粪便中氨的排量，可以抑制细菌产生有害气体，降低空气中有害气体含量。

③化学除臭法：在鹅舍内地面上撒一层过磷酸钙，可减少粪便中氨气散发，降低鹅舍臭味。具体方法是按每50只鹅活动地面均匀撒上过磷酸钙350克。另外，将4%的硫酸铜和适量熟石灰混在垫料中，可降低鹅舍空气臭味。

（八）粉尘的控制

鹅场和鹅舍中尘埃，一部分来自舍外或场外的空气环境，另一部分是在饲养管理过程中产生的。舍内的一些饲养管理和生产过程如清扫地面、翻动垫料、分发饲料、鹅的活动、鸣叫、采食等都会引起空气中的尘埃数量增多。鹅舍空气中的尘埃大多是有机性的。尘埃落在皮肤上，可与皮脂腺分泌物以及细毛、皮屑、微生物混合在一起，黏结在皮肤上，使皮肤发痒，甚至发炎；同时还能堵塞皮脂腺的出口影响皮脂腺分泌，进而使表皮干燥，易遭损伤和破裂；大量的尘埃可被鹅吸入呼吸道内。被阻塞在鼻腔内的尘埃可刺激鼻黏膜，如果尘埃夹带病原微生物还可使鹅感染。进入气管或支气管内的尘埃可使鹅发生气管炎或支气管炎。尘埃多具有较强的吸附性，可吸附各种有害气体如氨或硫化氢，并将这些有害气体一并带入呼吸道内，使呼吸道受到更大的损伤。一般认为鹅舍中尘埃的最高限定浓度应每平方米不超过8毫克。

粉尘控制措施，除合理调节舍内气流速度外，还包括以下方面：

（1）搞好场区绿化：包括道路两侧、禽舍周围，应将种草、植树等结合起来，减少裸地。

（2）清扫地面之前应适量洒水。

（3）保持适宜的饲养密度。

（4）搞好垫料管理，如保持垫料适宜的湿度，减少垫料中的粉尘。

（九）粪便的控制处理

鹅相对鸡、鸭采食量大，消化能力较差，因此粪便产量很大，仔鹅的鲜粪产量为每天180克。鹅粪既可以制成优质肥料和饲料，还可作为能源加以利用，变废为宝。鹅粪是由饲料中未被消化吸收的部分以及体内代谢废物，与消化道黏膜脱落物和分泌物，肠道微生物及其分解产物等共同组成的。在实际生产中收集到的鹅粪中还含有在喂料及鹅采食时洒落的饲料、脱落的羽毛等，其中有机物含量非常高，作为有机肥料使用价值也很高。在采用地面垫料平养时，收集到的则是鹅粪与垫料的混合物。

1.鹅粪的用途

（1）用作肥料：由于化学肥料在产量、价格、运输、保存、施用等方面占有一定的优势，但在当今人们对绿色食品及有机食品的需求日益高涨的情况下，禽粪已成为宝贵的资源。

鹅粪中主要植物养分富含氮、磷、钾等主要营养成分。鹅粪中其他一些重要微量元素的含量亦很丰富，作肥料也是世界各国传统上最常用的办法。在当今人们对绿色食品及有机食品的需求日益高涨的情况下，畜禽粪便将再度受到重视，成为宝贵的资源。

（2）用作培养料：与畜禽粪便直接用作饲料相比，其饲用安全性较强，营养价值较高，但手续和设备复杂一些。作培养料有多种形式，如培养单细胞、培养蝇蛆、培养藻类、食用菌培养料、养蚯蚓和养虫等，为畜禽饲养业和水产养殖业提供了优质蛋白质饲料。

（3）用作生产沼气的原料：鹅粪作为能源最常用的方法就是制作沼气。沼气是在厌氧环境中，有机物质在特殊的微生物作用下生成的混合气体，其主要成分是甲烷，占60%～70%。沼气可用于鹅舍采暖和照明、职工做饭、供暖等，是一种优质生物能源。

2.鹅粪的处理方法

畜禽粪便在作肥料时，有未加任何处理就直接施用的，也有先经某种处理再施用的。前者节省设备、能源、劳力和成本，但易污染环境、传播病虫害，可能危害农作物且肥效差；后者反之。根据处理方法的不同可分物理学处理、生物学处理和化学处理三类。

（1）物理处理：该方法是比较简单的处理方法，主要是对鹅粪进行脱水干燥处理。新鲜鹅粪的主要成分是水，通过脱水干燥处理使其含水量降到15%以下。这样，一方面减少了鹅粪的体积和重量，便于包装运输；另一方面，可以有效地抑制鹅粪中微生物的活动，减少营养成分（特别是蛋白质）的损失。脱水干燥处理的主要方法有高温快速干燥、太阳能自然干燥以及鹅舍内干燥等。

①高温快速干燥：采用以回转圆筒烘干炉为代表的高温快速干燥设备，可在短时间（10分钟左右）将含水率达70%的湿鹅粪迅速干燥至含水仅10%～15%的鹅粪加工品，采用的烘干温度依机器类型不同有所区别。在加热干燥过程中，还可做到彻底杀灭病原体，消除臭味。烘干设备的附属设备有除尘器，有的还有除臭设备。热空气从供平炉中出来后，经密闭管道进入除尘器，清除空气中夹杂的粉尘。然后，气

体被送至二次燃烧炉，在 500～550℃高温下作处理，最后才能把符合环保要求的气体排入大气中。

②太阳能自然干燥处理：这种处理方法采用塑料大棚中形成的"温室效应"，充分利用太阳能来对鹅粪作干燥处理。专用的塑料大棚长度可达60～90米，内有混凝土槽，两侧为导轨，在导轨上安装有搅拌装置。湿鹅粪装入混凝土槽，搅拌装置沿着导轨在大棚内反复行走，并通过搅拌板的正反向转动来捣碎、翻动和推送鹅粪。利用大棚内积蓄的太阳能使鹅类中的水分蒸发出来，并通过强制通风排除大棚内的湿气，从而达到干燥鹅粪的目的。在夏季，只需要约1周的时间即可把鹅粪的含水量降到10%左右。

在利用太阳能作自然干燥时，有的采用一次干燥的工艺，也有的采用发酵处理后再干燥的工艺。在后一种工艺中，发酵和干燥分别在两个大槽中进行。鹅粪从鹅舍铲出后，直接送到发酵槽中。发酵槽上装有搅拌机，定期来回搅拌，每次能把鹅粪向前推进2米。经过20天左右，将发酵的鹅粪转到干燥槽中，通过频繁的搅拌和粉碎，将鹅粪干燥，最终可获得经过发酵处理的干鹅粪产品。这种产品用作肥料时，肥效比未经发酵的干燥鹅粪要好，使用时也不易发生问题。这种处理方法可以充分利用自然能源，设备投资较少，运行成本也低。但是，此法受自然气候的影响大，在低温、高湿的季节或地区，生产效率较低；而且处理周期过长，鹅粪中营养成分损失较多，处理设施占地面积较大。

③鹅舍内鹅粪干燥处理：方法的核心就是直接将气流引向传送带上的鹅粪，使鹅粪在产出后得以迅速干燥。这种方法也可把鹅粪的含水率降至35%～40%，必须同其他干燥方

法结合起来，才能生产出能长期保存的优质干燥鹅粪。

（2）生物学处理：鹅粪的生物学处理就是利用各种微生物的生命活动来分解鹅粪中的有机成分的方法。微生物处理主要是发酵处理，在发酵过程中形成的特殊理化环境也可基本杀灭鹅粪中的病原体。

①在水泥地或铺有塑料膜的泥地上将鹅粪堆成长条状，高不超过1.5～2米，宽度控制在1.5～3米，长度视场地大小和粪便多少而定。

②先较为疏松地堆一层，待堆温达60～70℃，保持3～5天，或待堆温自然稍降后，将粪堆压实，在上面再疏松地堆加新鲜鹅粪一层，如此层层堆积至1.5～2米为止，用泥浆或塑料薄膜密封。

③为保持堆肥质量，若含水率超过75%最好中途翻堆；若含水率低于65%最好泼点水。

④密封后经2～3个月（热季）或2～6个月（冷季）才能启用。

⑤为了使肥堆中有足够的氧，可在肥堆中竖插或横插若干通气管。经济发达国家采用堆肥法时，常用堆肥舍、堆肥槽、堆肥塔、堆肥盘等设施，优点是腐熟快、臭气少并可连续生产。当然也需要配备特定的搅拌和通气装置，成本相应提高。

（3）化学处理：即在鹅粪中按比例加入化学物质，常用的化学物质有福尔马林、丙酸、乙酸、氢氧化钠、过磷酸钙、磷酸、尿素－甲醛聚合物等。化学处理法可使鹅粪中的养分损失明显减少，而消化系数明显提高（提高最明显的是碳水化合物、半纤维素和细胞壁），增加动物对粪便饲料的进食量。

化学处理杀灭鹅粪中病原体极为有效。

（4）其他处理方法

①膨化处理：把鹅粪和精饲料混合后加入膨化机，经机内螺杆粉碎压缩与摩擦，使物料在机腔内相对滑动，迅速升温呈糊状，经机头的模孔射出。由于机腔内外压力相差数十倍，物料迅速发泡膨胀呈晶状，以饲料中的淀粉及蛋白质作骨架呈多孔状，体积膨胀，水分蒸发，比重变小，冷却后含水率可降至13%～14%。

②青贮：把新鲜鹅粪与糠麸、青饲料或稻草相混合，使总含水量在40%左右，装入密封的塑料袋或青贮窖，经1个月至数月后使用，开启后可闻到清香味，也略有酒味。联合国粮农组织认为，青贮是很成熟的畜禽粪加工方法，从可能存在风险和危害健康角度看，青贮是已知加工鹅粪方法中最可靠的一种。

（十）污水的控制处理

肉用鹅场所排放的污水，主要来自清粪和冲洗鹅舍后的排放粪水，目前比较实用的有物理处理法和化学处理法。

1.物理处理法

物理处理法主要利用物理作用，将污水中的有机物、悬浮物、油类及其他固体物质分离出来。养殖场最常用的为沉淀法，即利用污水中部分悬浮固体密度大于水的原理使其在重力作用下自然下沉并与污水分离的方法，这是污水处理中应用最广的方法之一。沉淀法可用于在沉沙池中去除无机杂粒；在一次沉淀池中去除有机悬浮物和其他固体物；在二次沉淀池中去除生物处理产生的生物污泥；在化学絮凝法后去除絮凝体；在污泥浓缩池中分离污泥中的水分，使污泥得到浓缩。

2.化学处理法

利用化学反应的作用使污水中的污染物质发生化学变化而改变其性质，最后将其除去。

（1）絮凝沉淀法：这是污水处理的一种重要方法。污水中含有的胶体物质、细微悬浮物质和乳化油等，可以采用该法进行处理。常用的絮凝剂有无机的明矾、硫酸铝、三氯化铁、硫酸亚铁等，有机高分子絮凝剂有十二烷基苯磺酸钠、羧甲基纤维素钠、聚丙烯酰胺、水溶性脲醛树脂等。在使用这些絮凝剂时还常用一些助凝剂，如无机酸或碱、漂白粉、膨润土、酸性白土、活性硅酸和高岭土等。

（2）化学消毒法：鹅场的污水中含有多种微生物和寄生虫卵，若鹅群暴发传染病时，所排放的污水中就可能含有病原微生物。因此，采用化学消毒的方式来处理污水就十分必要。经过物理、生物法处理后的污水再进行加药消毒，可以回收用作冲洗圈栏及一些用具，节约了鹅场的用水量。目前用于污水消毒的消毒剂有液氯、次氯酸、臭氧等，以氯化消毒法最为方便有效，经济实用。

（十一）鼠和蚊、蝇的控制

1.灭鼠

鼠是人、畜多种传染病的传播媒介，鼠还盗食饲料和咬死雏鹅，咬坏物品，污染饲料和饮水，危害极大，因此鹅场必须做好灭鼠工作。

（1）防止鼠类进入建筑物：鼠类多从墙基、天棚、瓦顶等处窜入室内，在设计施工时注意墙基最好用水泥制成，碎石和砖砌的墙基，应用灰浆抹缝。墙面应平直光滑，防鼠沿粗糙墙面攀登。砌缝不严的空心墙体，易使鼠隐匿营巢，要填补抹平。为防止鼠类爬上屋顶，可将墙角处做成圆弧形。墙体上部与大棚衔接处应砌实，不留空隙。用砖、石铺设的地面，应衔接紧密并用水泥灰浆填缝。各种管道周围要用水泥填平。通气孔、地脚窗、排水沟（粪尿沟）出口均应安装孔径小于 1 厘米的铁丝网，以防鼠类窜入。

（2）器械灭鼠：器械灭鼠方法简单易行，效果可靠，对人、畜无害。灭鼠器械种类繁多，主要有夹、关、压、卡、翻、扣、淹、黏等。近年来还采用电灭鼠和超声波灭鼠等方法。

（3）化学灭鼠：化学灭鼠效率高、使用方便、成本低、见效快，缺点是能引起人、畜中毒，有些鼠对药剂有选择性、拒食性和耐药性。所以，使用时需选好药剂和注意使用方法，以保证安全有效。灭鼠药剂种类很多，主要有灭鼠剂、熏蒸剂、烟剂、化学绝育剂等。鹅场的鼠类以孵化室、饲料库、鹅舍最多，是灭鼠的重点场所。饲料库可用熏蒸剂毒杀。养殖场所投放毒饵时，机械化养鹅场应实行笼养，只要防止毒饵混入饲料中即可。在采用全进全出制的生产程序时，可结合舍内消毒时一并进行。鼠尸应及时清理，以防被畜误食而发生二次中毒。选用鼠长期吃惯了的食物作饵料，突然投放，饵料充足，分布广泛，以保证灭鼠的效果。

2.灭蚊、蝇

鹅场易孳生蚊、蝇等有害昆虫，骚扰人、畜和传播疾病，给人、禽健康带来危害，应采取综合措施杀灭。

（1）环境卫生：搞好鹅场环境卫生，保持环境清洁、干燥,是杀灭蚊蝇的基本措施。蚊虫需在水中产卵、孵化和发育,蝇蛆也需在潮湿的环境及粪便等废弃物中生长。因此,填平无用的污水池、土坑、水沟和洼地。保持排水系统畅通,对阴沟、沟渠等定期疏通,勿使污水储积。对贮水池等容器加盖,以防蚊蝇飞入产卵。对不能清除或加盖的防火贮水器,在蚊蝇孳生季节,应定期换水。永久性水体(如鱼塘、池塘等),蚊虫多孳生在水浅而有植被的边缘区域,修整边岸,加大坡度和填充浅塘,能有效地防止蚊虫孳生。鹅舍内的粪便应定时清除,并及时处理,贮粪池应加盖并保持四周环境的清洁。

(2)化学杀灭:化学杀灭是使用天然或合成的毒物,以不同的剂型(粉剂、乳剂、油剂、水悬剂、颗粒剂、缓释剂等),通过不同途径(胃毒、触杀、熏杀、内吸等),毒杀或驱逐蚊蝇。化学杀虫法具有使用方便、见效快等优点,是当前杀灭蚊蝇的较好方法。

①马拉硫磷:为有机磷杀虫剂,它是世界卫生组织推荐用的室内滞留喷洒杀虫剂,其杀虫作用强而快,具有胃毒、触毒作用,也可作熏杀,杀虫范围广,可杀灭蚊、蝇、蛆、虱等,对人、畜的毒害小,故适于畜禽舍内使用。

②敌敌畏:为有机磷杀虫剂,具有胃毒、触毒和熏杀作用,杀虫范围广,可杀灭蚊、蝇等多种害虫,杀虫效果好。但对人、畜有较大毒害,易被皮肤吸收而中毒,故在畜舍内使用时,应特别注意安全。

③合成拟菊酯:是一种神经毒药剂,可使蚊蝇等迅速呈现神经麻痹而死亡。杀虫力强,特别是对蚊的毒效比敌敌畏、马拉硫磷等高10倍以上,对蝇类,因不产生抗药性,故可长期使用。

（十二）垫料处理

规模化鹅生产过程中，采用地面平养肉用鹅需使用垫料。鹅场所用垫料多为垄糠、锯木屑、稻草或其他秸秆。一般使用的规律是冬季多垫，夏季少垫或不垫；阴雨天多垫，晴天少垫。按肉用鹅地面平养（厚垫法）需 60 天计算，每只鹅约需稻草 1.5～2 千克。一个生产周期结束后，清除的垫料实际上是鹅粪与垫料的混合物。对这种混合物的处理有几种方法：

1.窖贮或堆贮

肉用鹅粪和垫料的混合物可以单独地"青贮"。为了使发酵作用良好，混合物的含水量应调至 40%。混合物在堆贮的第 4～8 天，堆温达到最高峰，（可杀死多种致病菌），保持若干天后，堆温逐渐下降与气温平衡。经过窖贮或堆贮后的鹅粪与垫料混合物可以饲喂牛、羊等反刍动物。

2.直接燃烧

在采用垫草平养时，由于清粪间隔较长，只要舍内通风良好且饮水器不漏水，那么收集到的鹅粪垫料都比较干燥。如果鹅粪垫料混合物的含水率在30%以下，就可以直接用作燃料来供热。据估算，一个较大型的鹅场，如能合理充分地利用本场生产的鹅粪垫料混合物作燃料，基本上就能满足本场的热能需要。当然，鹅粪垫料混合物的直接燃烧需要专门的燃烧装置，因此事先需要一定的投资。如果鹅场暴发某种传染病，此时的垫料必须用焚烧法进行处理。

3.生产沼气

使用粪便垫料混合物作沼气原料，由于其中已含有较多的垫草（主要是一些植物组织），碳氮比较为合适，作为沼气

Content

原料使用起来十分方便。

4.直接还田用作肥料

锯木屑、稻草或其他秸秆在使用前是碎料者可直接还田。

（十三）鹅尸体的处理

在鹅生长过程中，由于各种原因使鹅死亡的情况时有发生。在正常情况下，鹅的死亡率每月为1%～2%。如果鹅群暴发某种传染病，则死鹅数会成倍增加。这些死鹅若不加处理或处理不当，尸体能很快分解腐败，散发臭气。特别应该注意的是患传染病死亡的鹅，其病原微生物会污染大气、水源和土壤，造成疾病的传播与蔓延。因此，必须正确而及时地处理死鹅。

1.高温处理法

将鹅尸放入特设的高温锅（5个大气压、150℃）内熬煮，达到彻底消毒的目的。鹅场也可用普通大锅，经100℃的高温熬煮处理。此法可保留一部分有价值的产品，使死鹅饲料化，但要注意熬煮的温度和时间必须达到消毒的要求。

2.土埋法

这是利用土壤的自净作用使死鹅无害化。此法虽简单但并不理想，因其无害化过程很缓慢，某些病原微生物能长期生存，条件掌握不好就会污染土壤和地下水，造成二次污染，因此对土质的要求是决不能选用砂质土。采用土埋法，必须遵守卫生防疫要求，即尸坑应远离畜禽场、畜禽舍、居民点和水源，地势要高燥；掩埋深度不小于2米；必要时尸坑内四周应用水泥板等不透水材料砌严；鹅尸四

146

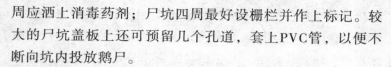

周应洒上消毒药剂；尸坑四周最好设栅栏并作上标记。较大的尸坑盖板上还可预留几个孔道，套上PVC管，以便不断向坑内投放鹅尸。

3.堆肥法

鹅尸因体积较小，可以与粪便的堆肥处理同时进行。这是一种需氧性堆肥法。死鹅与鹅粪进行混合堆肥处理时，一般按1份(重量)死鹅配2份鹅粪和0.1份秸秆的比例较为合适。这些成分要按一定规律分层码放。在发酵室的水泥地面上，先铺上30厘米厚的鹅粪，然后加上一层厚约20厘米的秸秆，然后再按死鹅、鹅粪、秸秆的规律逐层堆放，死鹅层还要加适量的水，最后要在顶部加上双层鹅粪。堆肥前，有时还要把鹅尸再分成小块，以便在堆制过程中更加彻底地得到分解。需要注意的是，因患传染病死亡的鹅尸一般不用此法处理，以保证防疫上的安全。

二、发生疫情后的扑灭措施

一旦发生一类动物疫病或暴发流行二类、三类动物疫病时，立即报兽医防疫员进行诊断，并迅速将病鹅、可疑病鹅隔离观察，将症状明显或死亡鹅送兽医部门检验，及早做出诊断，一旦确诊为传染病，应根据"早、快、严、小"的原则，迅速采取措施。

1.提高疫病诊断水平，减少疫病造成的损失

由各种病原引起的疫病，具有一定的特点和相似之处，必须要迅速正确地进行诊断，才能做到对症下药，及时采取防制措施，防止疫病蔓延扩大，减少疫病造成的损失。疫病诊断一般应从症状、解剖病变和流行病学调查着手，对相似

症状、病变进行区别诊断，在此基础上应组织实验室诊断。实验室诊断应按照诊断要求采集病料，对所采病料进行病原体观察、培养，并进一步作琼扩试验、荧光抗体试验等办法确定病原。还可继续进行药敏试验、疫苗制作和高免抗体制作，提高防制疫病效果。

只有饲养人员随时观察鹅群动态，才能做到对鹅群疫情的早发现、早确诊、早处理，有利于控制疫病的传播和流行。因此，饲养人员要随时注意观察饲料、饮水的消耗，排粪和产蛋等情况，若有异常，要迅速查明原因。发现可疑传染性病鹅时，应根据动物防疫的有关法律、法规要求和传染病控制技术尽快确诊，隔离病鹅，封锁鹅舍，在小范围内采取扑灭措施，对健康鹅群采取紧急接种疫苗或进行药物防治。由于传染病发病率高，流行快，死亡率高，因此，饲养的鹅群发生了传染病，应及时通报，让近邻、近地区注意采取预防措施，防止发生大流行。

2.严格隔离封锁

疫情发生时，要加强封锁和控制，严防传染病的流行和扩散。严禁食用病死鹅，严格隔离病鹅群。病死鹅的尸体、内脏、羽毛、污物等不能随意乱扔，必须焚烧或深埋，重症病鹅要淘汰。病鹅舍和病鹅用过的饲养用具、车辆、接触病鹅的人员、衣物及污染场地必须严格消毒，粪便经彻底消毒或生物发酵处理后方可利用。处理完毕后，经半个月如无新的病例，再进行一次终末彻底消毒，才能解除封锁。

3.加强消毒，扑灭病原

鹅场发生疫情后在隔离封锁时，应立即对鹅舍、地面、饲槽、水槽及其他用具清洗后进行彻底消毒，扑灭鹅舍周围环境中存在的病原体。

4.紧急接种

鹅场除平时按免疫程序做好免疫接种外，当发生疫情时，应对已确诊的疫病迅速采用该病的疫苗或高免血清，对受威胁的健康鹅进行紧急接种，使其尽快得到免疫力。尽早采取紧急接种，能明显有效地控制疫情，减少损失。

5.扑杀、处理病死鹅

鹅场发生一些烈性传染病或人畜共患病的患病鹅要立即扑杀。对于无治疗意义和经济价值不大的病鹅、死鹅尽快集中深埋或焚烧等无害化处理，将病鹅舍内的粪便发酵后作肥料，禁止随意丢弃病死鹅。如果对有利用价值的病鹅进行加工处理时，需经动物防疫监督检验部门检疫认可后，在不扩散病原的情况下才能进行加工处理，减少损失。

（1）鹅尸的运送

①运送前的准备

Ⅰ.设置警戒线、防虫：鹅尸和其他须被无害化处理的物品应被警戒，以防止其他人员接近、防止家养动物、野生动物及鸟类接触和携带染疫物品。如果存在昆虫传播疫病给周围易感动物的危险，就应考虑实施昆虫控制措施。如果对染疫动物及产品的处理被延迟，应用有效消毒药品彻底消毒。

Ⅱ.工具准备：运送车辆、包装材料、消毒用品。

Ⅲ.人员准备：工作人员应穿戴工作服、口罩、护目镜、胶鞋及手套，做好个人防护。

②装运

Ⅰ.堵孔：装车前应将鹅尸各天然孔用蘸有消毒液的湿纱布、棉花严密填塞。

Ⅱ.包装：使用密闭、不泄漏、不透水的塑料袋盛装，运送的车厢不透水，以免流出粪便、分泌物、血液等污染周围环境。

Ⅲ.注意事项：箱体内的物品不能装的太满，应留下半米或更多的空间，以防鹅尸的膨胀（取决于运输距离和气温）；鹅尸在装运前不能被切割,运载工具应缓慢行驶,以防止溢溅；工作人员应携带有效消毒药品和必要消毒工具以及处理路途中可能发生的溅溢；所有运载工具在装前卸后必须彻底消毒。

③运送后消毒：在鹅尸停放过的地方，应用消毒液喷洒消毒。土壤地面，应铲去表层土，连同鹅尸一起运走。运送过鹅尸的用具、车辆应严格消毒。工作人员用过的手套、衣物及胶鞋等也应进行消毒。

（2）鹅尸的深埋

掩埋是处理畜禽病害肉尸的一种常用、可靠、简便易行的方法。

①选择地点：应远离居民区、水源、泄洪区、草原及交通要道，避开岩石地区，位于主导风向的下方，不影响农业生产，避开公共视野。

②挖坑：坑应尽可能的深（2～7米）、坑壁应垂直。

③鹅尸处理：在坑底洒漂白粉或生石灰，可根据掩埋鹅尸的量确定（0.5～2.0千克/平方米）掩埋鹅尸量大的应多加,反之可少加或不加。鹅尸先用10%漂白粉上清液喷雾(200毫升/平方米)，作用2小时。将处理过的鹅尸投入坑内，使之侧卧，并将污染的土层和运鹅尸时的有关污染物如垫草、绳索、饲料、少量的奶和其他物品等一并入坑。

④掩埋：先用40厘米厚的土层覆盖鹅尸，然后再放入未

分层的熟石灰或干漂白粉20～40克/平方米(2～5厘米厚),然后覆土掩埋,平整地面,覆盖土层厚度不应少于1.5米。

⑤设置标识:掩埋场应标志清楚,并得到合理保护。

⑥场地检查:应对掩埋场地进行必要的检查,以便在发现渗漏或其他问题时及时采取相应措施,在场地可被重新开放载畜之前,应对无害化处理场地再次复查,以确保对牲畜的生物和生理安全。复查应在掩埋坑封闭后3个月进行。

⑦注意事项:石灰或干漂白粉切忌直接覆盖在鹅尸上,因为在潮湿的条件下熟石灰会减缓或阻止鹅尸的分解。

第二节 肉用鹅健康检查

临床检查一般以"先群体、后个体","先全身、后局部","先静态、后动态"为原则。

一、临床体征检查诊断

(一)群体检查

对患病鹅群的检查一般在流行病学的调查之后进行,通过检查,着重了解鹅群的精神状态、营养状态、运动姿势、羽毛色泽、饮食欲和粪便、生理活动状态,以及合群性等方面的情况,以确定有无异常现象,判断鹅群的健康状态,为进一步检查提供线索。观察鹅群的最好时间是在每天早晨天刚亮、中午、深夜的时候,这时鹅群正处在休息状态,病鹅容易表现出各种异常状态,比较容易发现与检出初发病和轻症的病鹅。在接近大群鹅时，要从远到近慢慢地向前走动，一边接近一边观察，注意发现各种异常现象。如果突然接近会使病鹅、健康鹅同时都受惊、奔跑、鸣叫，很难发现病鹅，尤其难以发现初发病和轻症的病鹅。

对禽群进行观察的同时，还应注意饲养环境、卫生状况，以及饲养管理的各个环节的检查，以便为诊断禽病提供有关线索。对鹅群群体状态检查发现的疑似病鹅和病鹅都要及时剔除、隔离饲养并对之进行详细的个体检查。

（二）个体检查

在群体检查后，对被剔除的病鹅或疑似病鹅应进行详细的个体检查。如果病鹅数量较多，可挑选几只发病程度及病情不同的病鹅或疑似病鹅分别检查，用捉鹅杆（前端带有"S"钩）卡紧可疑病鹅的颈部，从鹅群中吊出，进行详细检查。检查时，一手握住鹅的两翼根，另一手的拇指和食指捏住喙部，依据"从前向后、先健部后患部、先轻后重、先外后内"的原则进行，力求全面地收集所有疾病材料。

1.头部检查

（1）头部皮肤：主要观察皮肤有没有损伤、炎症，皮肤颜色变化，皮下有没有水肿等情况。外伤、打斗可造成头部皮肤的损伤和炎症肿胀；某些传染病和中毒病可引起机体缺氧，头部皮肤颜色表现为发紫，如亚硝酸盐中毒鹅；鹅患鸭瘟病时，头部皮下水肿。

（2）喙：喙的质地和形态是否改变，颜色是否正常，色泽有否消退。幼鹅患软骨病时喙发软，容易弯曲出现变形。患小鹅瘟、禽霍乱、维生素 E 缺乏症等疾病时喙色泽多发紫。

（3）口腔：主要观察口腔内有无过多的分泌物，黏膜是否苍白、充血、出血，口腔与喉头部有无假膜覆盖，有无溃疡或异物存在等。检查者可用手指抵住鹅咽喉部皮肤或用手捏住两嘴角喙根部，令其张开口腔以观察。口腔黏液过多，可见于许多呼吸道疾病及有机磷农药中毒等；液体过多并常常带有食物，多见于食道膨大部阻塞等病例；口腔上皮细胞角质化，口腔黏膜有炎症或有白色针尖大的结节，见于雏鹅维生素 A 缺乏症和烟酸缺乏症；霉菌性口炎鹅口腔黏膜可形成黄白色、干酪样假膜或溃疡。

（4）鼻腔：鹅鼻腔有分泌物是鼻道疾病最显著的征候，鼻液增多常见于鹅流行性感冒、鹅曲霉菌感染和禽流感等；鹅维生素 A 缺乏时鼻腔分泌物常为奶酪样或豆腐渣样。

（5）喉及气管：打开鹅的口腔也可观察到喉头的变化，主要观察喉头是否有充血、出血、水肿，分泌物情况，有无假膜覆盖等。如喉头干燥、有易剥落的白色假膜，多见于各种维生素缺乏症。压迫气管，鹅即表现为疼痛反应性咳嗽、甩头、张口吸气等，多表示气管和喉有炎症。

（6）眼睛：主要观察眼结膜的颜色，有无出血、损伤，分泌物及眶下窦情况。如眼结膜充血、潮红、流泪、眼睑水肿，临床上见于禽霍乱以及维生素 A 缺乏症；当发生呼吸道疾病时，都伴有不同程度的眶下窦炎；眼睛有黏性或脓性分泌物，常见于衣原体病、大肠杆菌性眼炎，以及其他细菌或霉菌引起的眼结膜炎。

（7）外耳孔：当禽舍卫生条件太差时，常会出现外耳孔被饲料、污泥或粪便等堵塞。这种鹅场喂养的鹅群多见生长发育不良，并逐渐衰弱、消瘦、生产性能下降等。

2.食道膨大部检查

膨大部检查，鹅的食道膨大部相当于鸡的嗉囊，检查者可以用手按摸以了解其内容物性质，必要时可将鹅倒提使头下垂并挤压，检查食道膨大部内有无酸臭并带气泡的液体从其口腔内流出。鹅口疮患鹅食道膨大部膨大，触诊松软，挤压或倒提即见从口腔流出酸败的带气泡的内容物。患硬嗉病时，按压食道膨大部有面团样感，有的感觉坚硬，里面充满硬内容物。

3.胸部检查

通过触摸了解胸廓是否有疼痛、肋骨有无突起、胸骨有没有变软、变形。检查营养状况时，可触诊胸骨两侧的肌肉丰满程度，也可以听诊有无异常的呼吸音响，以考察呼吸系统的功能变化。如肺和气管的呼吸音粗厉、有啰音多说明呼吸系统有炎症。

4.腹部检查

腹部检查常用视诊、触诊和穿刺等方法，主要了解腹围的变化和腹腔器官内容物的状态变化。

5.肛门、泄殖腔检查

检查注意观察肛门周围有无粪便污染，泄殖腔有否肿胀、外翻，再用拇指和食指翻开泄殖腔，观察黏膜色泽、完整性及其状态。肛门周围有稀粪沾污，见于多种腹泻性疾病；肛门周围有炎症、坏死和结痂病灶，常见于泛酸缺乏症。泄殖腔黏膜充血或有出血点，见于各种原因引起的泄殖腔炎症，有时也见于禽霍乱；鹅患鸭瘟病时，肛门水肿、泄殖腔黏膜充血、肿胀，严重者泄殖腔外翻，患病公鹅阴茎不能收回。

6.腿、关节、脚和蹼检查

主要检查腿的各部的完整性，关节的活动性，关节和韧带的连接状况，腿部骨骼的形状，脚、蹼的完整性和颜色等。如触摸腿部各关节，检查有无肿胀、骨折、变形或运动不灵活等现象，这些部位常见的征候和相应的疾病有趾关节、附关节发生关节囊炎时，关节肿胀，并有波动感，有的还含有脓汁，通常滑膜支原体、金黄色葡萄球菌、沙门氏菌属病原体都可引发这些变化；跗骨软、易折，临床上见于佝偻病、骨软症，以及氟中毒引起的骨质疏松；脚、蹼前端逐渐变黑、干燥，有时脱落是由葡萄球菌引起。脚、蹼发紫，常见于维生素E缺乏症，亦可见于小鹅瘟等；脚、蹼干燥或有炎症，常见于B族维生素缺乏症以及各种疾病引起的慢性腹泻；脚蹼趾爪蜷曲或麻痹见于雏鹅维生素B_2缺乏症；锰缺乏的鹅跗关节异常肿大，常一只腿从跗关节处曲屈而无法站立，可因麻痹而饥饿死亡。

7.羽毛与皮肤检查

观察羽毛是否清洁、紧凑而有光泽，是否易脱落、折断等；再用手翻开羽毛或用嘴吹翅下、背部及大腿间的绒毛，检查皮肤的色泽，有否外伤、肿块、结节和寄生虫等。羽毛蓬松、污秽、无光泽，临床上见于慢性传染病、寄生虫病和营养代谢病；羽毛稀少，常见于烟酸、叶酸缺乏症，也可见于维生素D和泛酸缺乏症；羽毛松乱或脱落，临床上见于B族维生素缺乏症和含硫氨基酸不平衡；羽毛虱和羽螨等外寄生虫病，患鹅可出现局部羽毛的断裂或脱落。

8.体温测量

必要时可进行体温测量，将体温计插入泄殖腔的直肠部约2～3厘米深处3～5分钟，注意不要损伤输卵管。鹅的正常体温为41℃左右，其变动范围受年龄、品种、测温时间、季节、外界温度和饲料等因素的影响。某些疾病因素可造成鹅体温的升高，如禽霍乱、鹅鸭瘟等急性传染病；体质衰弱、严重营养不良、贫血及濒死期的病鹅体温可下降。

9.粪便

大便拉稀，常见于某些传染病、营养代谢病、中毒病；大便呈石灰样，见于维生素A缺乏症、磺胺药中毒等病；大便稀，带有黏稠、半透明的蛋清或蛋黄，常见于卵黄性腹膜炎、输卵管炎、产蛋鹅的前殖吸虫病；大便拉稀并混有暗红或深紫色黏液，多见于鹅球虫病等，有时亦见于禽霍乱。

二、临床剖检诊断

病理剖检即是对患鹅或病死鹅的尸体进行剖解，以全面、细致地检查病鹅各个器官、组织的病理变化，为快速诊断疾病提供重要依据。在临床上，大多数鹅病没有特征性的临床症状，想从临床症状上把每种病鉴别开是比较困难的。另外，尽管实验室检查对鹅病的诊断起决定作用，但它往往要有一定的设备条件，且常需要较长的时间。而禽的病理剖检诊断方法简单易行，也比较容易掌握，因此，对于经验丰富的禽病工作者来说，病理剖检是鹅病诊断最主要的手段。

鹅病的治疗重在早治、准治。生产中由于病初发病少，死鹅少，有些养鹅户往往就把病死鹅随意处理掉，结果耽误了早期治疗而造成损失。有的因离兽医站远或因事耽搁，送诊死鹅尸体腐烂，使诊断不准确而贻误治疗，造成损失。

因此，养鹅户有必要掌握一定的鹅尸体剖检技术。一旦发现病、死鹅，又不能及时诊治时，可自行剖检，并做详细剖检记录，然后带着剖检记录确诊或找兽医诊治。

（一）鹅病的病理剖检程序

1.鹅体剖检要求

（1）正确掌握和运用鹅体剖检方法：若方法不熟练，操作不规范、不按顺序，乱剪乱割，影响观察，易造成误诊，贻误防治时机。

（2）防止疾病散播：剖检时如果剖检地点不合适、消毒不严格、尸体处理不当等，不仅引起病原在本场传播，而且能污染环境。所以，剖检地点必须远离鹅舍，注意严格消毒和病死鹅的无害化处理。

①选择合适的剖检地点：鹅场最好建立尸体剖检室，剖检室设置在生产区和生活区的下风方向和地势较低的地方，并与生产区和生活区保持一定距离，自成单元；若养鹅场无剖检室，剖检尸体时选择在比较偏僻的地方进行，要远离生产区、生活区、公路、水源等，以免剖检后，尸体的粪便、血污、内脏、杂物等污染水源、河流，或由于车来人往等传播病原，造成疫病扩散。

②严格消毒：剖检前对尸体进行喷洒消毒，避免病原随着羽毛、皮屑一起被风吹起传播。剖检后将死鹅放在密封的塑料袋内，对剖检场所和用具进行彻底全面的消毒。剖检常用的消毒药有0.1%的新洁尔灭溶液、来苏儿等，也可采用其他含溴消毒剂、含碘消毒剂等进行消毒。剖检室的污水和废弃物必须经过消毒处理后方可排放。

③尸体无害化处理：有条件的鹅场应建造焚尸炉或发酵池，以便处理剖检后的尸体，其地址的选择既要使用方便，又要防止病原污染环境。无条件的鹅场对剖检后的尸体要进行焚烧或深埋。

2.病理剖检的准备

（1）剖检器械的准备：对于家禽剖检，一般有剪刀和镊子即可工作。另外可根据需要准备骨剪、肠剪、手术刀、搪瓷盆、标本缸、广口瓶、消毒注射器、针头、培养皿等，以便收集各种组织标本。

（2）剖检防护用具的准备：工作服、胶靴、一次性医用手套或橡胶手套、脸盆或塑料小水桶、消毒剂、肥皂、毛巾等。

3.病理剖检的程序

剖检病鹅最好在死后或濒死期进行。对于已经死亡的鹅只，越早剖检越好，因时间长了尸体易腐败，尤其夏季，易使病理变化模糊不清，失去剖检意义。如暂时不剖检的，可装入塑料袋内暂存放在4℃冰箱内。解剖前先进行体表检查。

病理剖检一般遵循由外向内，先无菌后污染，先健部后患部的原则，按顺序、分器官逐步完成。活鹅应首先放血处死、死鹅能放出血的尽量放血，检查并记录患鹅外表情况，如皮肤、羽毛、口腔、眼睛、鼻孔、泄殖腔等有无异常。用消毒液将禽尸羽毛沾湿或浸湿，避免羽毛、尘屑飞扬，然后将鹅尸放在解剖盘中或塑料布上。

（1）体表检查：选择症状比较典型的病鹅作为剖检对象，解剖前先做体表检查，即测量体温，观察呼吸、姿态、精神状况、羽毛光泽、头部皮肤的颜色，特别是鹅冠和肉髯的颜色，仔细检查鹅体的外部变化并记录症状。如有必要，可采集血液（静脉或心脏采血），以备实验室检验。

①病鹅的体况：姿势，肥胖或消瘦，羽毛是否粗乱、污秽、有无光泽。

②面部、冠和肉髯：注意皮肤的颜色，是否苍白贫血或暗红，表面有无棕色的痘痂（鹅痘）或鳞片结痂，冠髯是否肿胀和有结节（传染性鼻炎、慢性鹅霍乱）。

③口、鼻、眼：注意鼻孔和口腔有无分泌物（传染性鼻炎、传染性支气管炎），咽喉黏膜有无干酪样物质形成的假膜（白喉型禽痘）或白色针头状小结节（维生素A缺乏症）、注意虹膜的色泽和瞳孔的形状，眼部是否肿胀，眼睑内有无干酪样渗出物蓄积（传染性鼻窦炎、黏膜型鹅瘟、维生素A缺乏症）。

④肛门：肛门周围羽毛有无稀粪粘污，泄殖孔附近是否有粪污或白色粪便所阻塞。

⑤肿瘤：身体各部分都可能发生肿瘤，必须仔细检查；鹅脚皮肤是否粗糙或裂缝，是否有石灰样物附着，脚底是否有趾瘤等。

⑥体外寄生虫：鹅羽毛根部是否有虱卵缀着。如鹅有外寄生虫感染时，表现有羽毛粗乱。

（2）鹅体剖检方法：病理剖检一般遵循由外向内，先无菌后污染，先健部后患部的原则，按顺序，分器官逐步完成。

①活禽应首先放血处死、死禽能放出血的尽量放血，检查并记录患鹅外表情况，如皮肤、羽毛、口腔、眼睛、鼻孔、泄殖腔等有无异常。

②用消毒液将鹅尸羽毛沾湿或浸湿，避免羽毛、尘屑飞扬，然后将鹅尸放在解剖盘中或塑料布上。

③用刀或剪把腹壁和两侧大腿间的疏松皮肤纵向切开，剪断连接处的肌膜，两手将两股骨向外压，使股关节脱臼，卧位平稳。

④将龙骨末端后方皮肤横行切断，提起皮肤向前方剥离并翻置于头颈部，使整个胸部至颈部皮下组织和肌肉充分暴露，观察皮下、胸肌、腿肌等处有无病变，如有无出血、水肿，脂肪是否发黄，以及血管有无淤血或出血等。

⑤皮下及肌肉检查完之后，在胸骨末端与肛门之间作一切线，切开腹壁，再顺胸骨的两边剪开体腔，以剪刀就肋骨的中点，由后向前将肋骨、胸肌、锁骨全部剪断，然后将胸部翻向头部，使体腔器官完全暴露。然后观察各脏器的位置、颜色、有无畸形，浆膜的情况如有无渗出物和粘连，体腔有无积水、渗出物或出血。接着剪断腺胃前的食管，拉出胃肠道、肝和脾，剪断与体腔的联系，即可摘出肝、脾、生殖器官、心、肺和肾等进行观察。若要采取病料进行微生物学检查，一定要用无菌方法打开体腔，并用无菌法采取需要的病料（肠道病料的采集应放到最后），后再分别进行各脏器的检查。

⑥将禽尸的位置倒转，使头朝向剖检者，剪开嘴的上下连合，伸进口腔和咽喉，直至食管和食道膨大部，检查整个上部消化道，以后再从喉头剪开整个气管和两侧支气管。观察后鼻孔、腭裂及喉口有无分泌物堵塞；口腔内有无伪膜或结节；再检查咽、食道和喉、气管黏膜的颜色，有无充血、出血、黏液和渗出物。

⑦根据需要，还可对鹅的神经器官如脑、关节囊等剖检。脑的剖检可先切开头顶部皮肤，从两眼内角之间横行剪断颞骨，再从两侧剪开顶骨、枕骨，掀除脑盖，暴露大、小

脑，检查脑膜以及脑髓的情况。

4.剖检结果的描述、记录

对在剖检时看到的病理变化，要进行客观的描述并及时准确地记录下来，为兽医做出诊断提供可靠的材料。在描述病变时常采用如下的方法。

（1）用尺测量病变器官的长度、宽度和厚度，以厘米为计量单位。

（2）用实物形容病变的大小和形状，但不要悬殊太大，并采用当地都熟悉的实物。如表示圆形体积时可用小米粒大、豌豆大、核桃大等；表示椭圆时，可用黄豆大、鸽蛋大等；表示面积时可用一分、五分硬币大等；表示形状时可用圆形、椭圆形、线状、条状、点状、斑状等。

（3）描述病变色泽时，若为混合色，应次色在前，主色在后，如鲜红色、紫红色、灰白色等；也可用实物形容色泽，如青石板色、红葡萄酒色及大理石状、斑驳状等。

（4）描述硬度时，常用坚硬、坚实、脆弱、柔软来形容，也可用疏松、致密来描述。

（5）描述弹性时，常用橡皮样、面团样、胶冻样来表示。

此外，在剖检记录中还应写明病禽品种、日龄、饲喂何种饲料，疫苗使用情况及病禽死前症状等。剖检工作完成后，要注意把尸体、羽毛、血液等物深埋或焚烧。剖检工具、剖检人员的外露皮肤用消毒液进行消毒，剖检人员的衣服、鞋子也要换洗，以防病原扩散。

5.病理剖检的注意事项

（1）在进行病理剖检时，如果怀疑待检的家禽已感染的疾病可能对人有接触传染时（如鸟疫、禽流感等），必须采取严格的卫生预防措施。剖检人员在剖检前换上工作服、胶靴，配戴优质的橡胶手套、帽子、口罩等，在条件许可的条件下最好戴上面具，以防吸入病禽的组织或粪便形成的尘埃等。

（2）在进行剖检时应注意所剖检的病（死）禽应在禽群中具有代表性。如果病禽已死亡则应立即剖检（须于患畜禽死后立即进行，最好不超过 6 小时，夏季不超过 4 小时），应尽可能对多只死禽进行剖检。

（3）剖检前应当用消毒药液将病禽的尸体和剖检的台面完全浸湿。

（4）剖检过程应遵循从无菌到有菌的程序，对未经仔细检查且粘连的组织，不可随意切断，更不可在腹腔内的管状器官（如肠道）切断，造成其他器官的污染，给病原分离带来困难。

（5）剖检人员应认真地检查病变，切忌草率行事。如需进一步检查病原和病理变化，应取病料送检。

（6）在剖检中，如剖检人员不慎割破自己的皮肤，应立即停止工作，先用清水洗净，挤出污血，涂上药物，用纱布包扎或贴上创可贴；如剖检的液体溅入眼中时，应先用清水洗净，再用 20% 的硼酸冲洗。

（7）剖检后，所用的工作服、剖检的用具要清洗干净，消毒后保存。剖检人员应用肥皂或洗衣粉洗手，洗脸，并用75% 的酒精消毒手部，再用清水洗净。

（二）病料的采集、保存

1.病料采集的注意事项

（1）采集病料的时间：内脏病料的采取，须于患畜禽死后立即进行，最好不超过 6 小时，夏季不超过 4 小时，否则时间过长，由肠内侵入其他细菌，致使尸体腐败，有碍于病原菌的检验。

（2）采集器械的消毒：刀、剪、镊子等用具可煮沸 30 分钟，最好用酒精擦拭，并在火焰上烧一下。器皿在高压灭菌器内或干烤箱内灭菌，或放于 0.5%～1% 的碳酸氢钠水中煮沸；软木塞或橡皮塞置于 0.5% 石炭酸溶液中煮沸 10 分钟。载玻片应在 1%～2% 的碳酸氢钠溶液中煮沸 10～15 分钟，水洗后，再用清洁纱布擦干，将其保存于酒精、乙醚等液体中。注射器和针头放于清洁水中煮沸 30 分钟即可。

（3）采集病料的所有工序必须是无菌操作：采取一种病料，使用一套器械。并将取下的材料分别置于灭菌的容器中，绝不可将多种病料或多头禽的病料混放在一个容器内。病变的检查应在病料采集后进行，以防所采的病料被污染，影响检查结果。

（4）需要采取的病料，应按疾病的种类适当选择：当难以估计是哪种传染病时，应采取有病变的脏器、组织。但心血、肺、脾、肝、肾、淋巴结等，不论有无肉眼可见病变，一般均应采取。

（5）病料采集后，如不能立即进行检验，应立即装入塑料袋内保存于 4℃ 的冰箱中。

2.病料的采集方法

（1）脓汁、渗出液：用灭菌注射器无菌抽取未破溃的脓肿深部的脓汁，置于灭菌的细玻璃管中，然后将两端熔封，用棉花包好放于试管中，亦可直接用注射器采取后，放试管中，如系开放的化脓灶或鼻腔时，可用无菌的棉签浸蘸后，放在灭菌试管中。也可直接用接种环经消毒的部位插入，提取病料直接接种在培养基上。

（2）淋巴结及内脏：将淋巴结、肺、肝、脾、肾等有病变的部位各采取 1 ～ 2 平方厘米的小方块，分别置于灭菌试管或平皿中。若为供病理组织切片的材料，应将典型病变部分及相连的健康组织一并切取，组织块的大小每边约 2 厘米左右，同时要避免使用金属容器，尤其是当病料供色素检查时，更应注意。此外，若有细菌分离条件，也可首先以烧红的铁片烫烙脏器的表面，用接种环（火焰灭菌后）自烫烙的部位插入组织中缓慢转动接种环，取少量组织或液体，作涂片镜检或接种在培养基上。培养基可根据不同情况而进行选择。一般常用鲜血琼脂平板、普通琼脂平板或营养琼脂平板培养等。

（3）血液：血液是动物新陈代谢必需营养物质输送和代谢产物排除的载体，也是信息传递的重要媒介，它保证了机体正常生命活动的进行。任何致病因子对机体的有害刺激，都可以造成血液成分的变化，因此，血液的检验在动物疾病的诊断中有着广泛的应用。

根据检验所需血液量的多少，可选择鹅的不同部位采血。微量血液的采取，可选择在胫部，方法是局部常规消毒，干燥后涂抹少量凡士林，用消毒的针尖扎刺，使血液自然流出，弃去开始的几滴血后取血检查，采血完毕后局部消毒并压迫止血；较多量血液则一般从翅内静脉采取，方法是选择翅内静脉不易滑动的部位，助手保定并在翅根压迫静脉，用连接针头的注射器刺入静脉抽血；若需更多量血液时，可采用心脏采血法，方法是左手从翅根部抓住两翅膀，

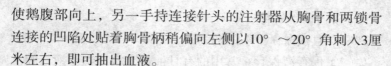

使鹅腹部向上，另一手持连接针头的注射器从胸骨和两锁骨连接的凹陷处贴着胸骨柄稍偏向左侧以10°～20°角刺入3厘米左右，即可抽出血液。

对死亡动物采取心血时，通常在右心室采血。先用烧红的铁片烫烙心肌表面，再用灭菌注射器在烫烙处插入，吸取血液，置于无菌试管中。

（4）胆汁：先用烧红的刀片或铁片烙烫胆囊的表面，再用灭菌吸管或注射器刺入胆囊内吸取胆汁，盛于灭菌试管中。也可直接用接种环经消毒的部位插入，提取病料直接接种在培养基上。

（5）肠：用烧红的刀片或铁片将欲采取的肠表面烙烫后穿一个小孔，持灭菌棉签插入肠内擦取肠道黏膜及其内容物，将棉花置于灭菌试管中内。亦可将肠内容物直接放入容器内，用线扎紧一段肠道（约7～10厘米）的两端，然后在两线稍远处切断，放于灭菌容器中。采取后应急速送检，不得迟于24小时。

（6）皮肤：取大小约10厘米×10厘米的皮肤一块，保存于30%甘油缓冲液中，或10%的饱和盐水溶液中，或10%福尔马林溶液中。或不加保存液直接放在灭菌的密闭容器中。

（7）羽毛：应在病变明显部分采集，用刀将羽毛及其根部皮屑刮取少许放入灭菌试管中送检。

（8）脑、脊髓：如采取脑、脊髓作病毒检查，可将脑、脊髓浸入50%甘油盐水液中或将整个头部割下，包入浸过0.1%汞液的纱布或油布中，装入木箱或铁桶中送检。

3.病料的保存

（1）直接保存于4℃冰箱中。

（2）保存液保存：常用的有甘油盐水缓冲保存液，配比为甘油300毫升，氯化钠4.2克，磷酸氢二钾1.0克，0.02%酚红溶液1.5毫升，蒸馏水加至1000毫升。将这些配比成分混合于水中，加热溶化，校正pH为7.6，分装于试管中（约7毫升），上锅蒸15分钟，冷却后保存于冰箱中备用。

4.病料的运送

（1）要附带病情记录：如发病禽品种、性别、日龄，送检病料的数量和种类，检验的目的，死亡时间并附临床病例摘要等。

（2）装在试管和广口瓶中的病料密封后装在冰筒中送检，防止容器和试管翻倒。且送至检验部门的时间，应越快越好。

（3）运送整个尸体，用浸透适宜消毒液的布包好后，装入塑料袋中。

三、鹅的给药方法

鹅的药物种类繁多，有些药物需要通过固定的途径进入机体才能发挥作用，有一些药物，不同的给药途径可以发挥不同的药理作用。因此，临床上应根据具体情况选择不同的给药方法。

1.群体给药法

（1）饮水给药法：即将药物溶解于水中，让鹅自由饮水的同时将药液饮入体内。对易溶于水的药物，可直接将药物加入水中混合均匀即可。对难溶于水的药物，可将药物加入少量水中加热，搅拌或加助溶剂，待其达到一定程度的溶解或全溶后，再混入全量饮水中，也可将其做悬液再混入饮水中。

（2）混饲给药：是鹅疾病防治经常使用的方法，将药物混合在饲料中搅拌均匀即可。但少量药物很难和大量的饲料混合均匀，可先将药物和一种饲料或一定量的配合饲料混合均匀，然后再和较大量的饲料混合搅拌，逐级增大混合的饲料量，直至最后混合搅拌均匀。

（3）气雾给药：是通过呼吸道吸入或作用于皮肤黏膜的一种给药法。由于鹅肺泡面积很大，并有丰富的毛细血管，所以用此法给药时，药物吸收快，药效出现迅速，不仅能起到局部作用，也能经肺部吸收后呈现全身作用。

（4）外用给药：此法多用于鹅的体表，以杀灭体外寄生虫或体表微生物。常用的外用给药法有喷雾、药浴、喷洒、熏蒸等。

2.个体给药法

（1）口服法：指经人工从口投药，药物口服后经胃、肠道吸收而作用于全身或停留在胃、肠道发挥局部作用。对片剂、丸剂、粉剂，用左手食指伸入鹅的舌基部将舌拉出并与拇指配合固定在下腭上，右手将药物投入。对液体药液，用左手拇指和食指抓住冠和头部皮肤，使向后倒，当喙张开时，即用右手将药液滴入，令其咽下，反复进行，直到服完。也可用鹅的输导管，套上玻璃注射器，将喙拨开插入导管，将注射器中的药液推入食道。

（2）肌内注射法：常用于预防接种或药物治疗。肌内注射部位有翼根内侧肌肉、胸部肌肉及腿部外侧肌肉，尤以胸部肌肉为常用注射部位。

（3）气管内注入法：多用于寄生虫治疗时的用药。左手抓住鹅的双翅提取，使其头朝前方，右手持注射器，在鹅的右侧颈部旁，靠近右侧翅膀基部约1厘米处进针，针刺方向可由上向下直刺，也可向前下方斜刺，进针0.5～1厘米，即可推入药液。

（4）食道膨大部注入法：当鹅张喙困难，且急需用药时可采用此法。注射时，左手拿双翅并提举，使头朝前方，右手持注射器，在鹅的食道膨大部向前下方斜刺入针头，进针深度为0.5～1厘米左右，进针后推入药液即可。

3.鹅用药注意事项

（1）应根据每种药物的适应证合理地选择药物，并根据所患疾病和所选药物自身的特点选用不同的给药方法。

（2）用药时用量应适当、疗程应充足、途径应正确。本着高效、方便、经济的原则，科学地用药物。

（3）应充分利用联合用药的有利作用，避免各种配伍禁忌和不良反应的发生。

（4）应注意机体耐药性和病原体抗药性的可能产生，并通过药敏试验、轮换用药等手段加以克服。

（5）注意预防药物残留和蓄积中毒。长期使用的药物，应按疗程间隔使用，某些易引起残留的药物在鹅宰前15～20天内不宜使用，以免影响产品质量和危害人体健康。

（6）饮水给药，应确保药物完全溶解于水后再投喂，并应保证每个鹅都能饮到；拌料给药，应确保饲料的搅拌均匀。否则不仅影响效果，而且可能造成中毒。

（7）在使用药物其间，应注意观察鹅群的反应性。有良好效果的应坚持使用；应用后出现不良反应的，应立即停止用药；使用效果不佳的，应从适应证、耐药性、剂量、给药途径、病因诊断是否正确等多方面仔细分析原因，以便及时调整方案。

第三节　肉用鹅常见疾病的防治

1.禽流感

禽流行性感冒简称禽流感，是由A型流感引起的一种高度接触性的急性或慢性传染病，会对养鹅业造成极大威胁。由于患鹅常呈头颈肿，眼睛严重潮红、充血、出血和鼻腔流血，具有高度发病率和致死率，可引起大批雏鸭和雏鹅发病死亡，所以该病也有"鹅肿头病"、"鹅红眼病"、"鹅出血症"、"鹅疫"等称法，世界卫生组织将该病列为A类动物疫病。

【发病特点】本病一年四季均可发生，但以冬春季为主要流行季节。一般认为是通过密切接触传染，也可经蛋传染。患鹅的羽毛、肉尸、排泄物、分泌物以及污染的水源、饲料、用具均为重要的传染来源。

【临床症状】发病时鹅群中先有几只出现症状，1～2天后波及全群，病程3～15天。病仔鹅废食，离群，羽毛松乱，呼吸困难，眼眶湿润；下痢，排绿色粪便，出现跛行、扭颈等神经症状；干脚脱水，头冠部、颈部明显肿胀，眼睑、结膜充血出血，又叫红眼病，舌头出血。育成期鹅和种鹅也会感染，但其危害性要小一些，病鹅生长停滞，精神不振，嗜睡，肿头，眼眶湿润，眼睑充血或高度水肿向外突出呈金鱼眼样子，病程长的仅表现出单侧或双侧眼睑结膜混浊，不能康复；发病的种鹅产蛋率、受精率均急剧下降，畸形蛋增多。

【病理变化】大多数患鹅皮肤毛孔充血、出血，全身皮下和脂肪出血。头肿大的患鹅下颌部皮下水肿，呈淡黄色或淡绿色胶样液体。眼结膜出血，瞬膜充血、出血。颈上部皮肤和肌肉出血，鼻腔黏膜水肿、充血、出血，腔内充满血样黏液性分泌物，喉头黏膜不同程度出血，大多数病例有绿豆至黄豆大凝血块，气管黏膜有点状出血。脑壳和脑膜严重出血，脑组织充血、出血。胸腺水肿，或萎缩出血。脾脏稍肿大，淤血、出血，呈三角形。肝脏肿大，淤血、出血。部分病例肝小叶间质增宽，肾脏稍肿大充血，胰腺有出血斑和坏死灶或液化状，胸壁有淡黄色胶样物，腺胃黏性分泌物多。部分病例黏膜出血，腺胃与肌胃交界处有出血带，肠局灶性出血斑或出血块，黏膜有出血性溃疡病灶，直肠后端黏膜出血。多数病例心肌有灰白色坏死灶，心内膜出血斑。肺淤血、出血。产蛋母鹅卵泡破裂于腹腔中，卵巢中卵泡膜充血，有出血斑并变形，输卵管浆膜充血，出血腔内有凝固蛋白。病程较长患病母鹅的卵巢中的卵泡萎缩，卵泡膜充血、出血或变形。患鹅法氏囊出血。有些病例十二指肠与肌胃处有出血块。部分病例盲肠出血。

【诊断】根据临床表现及发病特点，可做出初步诊断，但本病确实诊断必须进行病毒分离鉴定和血清学试验。

【治疗方法】鹅的禽流感一旦发生，应立即将病鹅淘汰，死鹅烧毁或深埋，彻底消毒场地和用具。未发病的鹅应用抗血清或卵黄抗体作紧急免疫接种。

（1）高免血清疗法：肌内或皮下注射禽流感高免血清，

小鹅每只 2 毫升、大鹅每只 4 毫升，对发病初期的病鹅效果显著，见效快；高免蛋黄液效果也较好，但见效稍慢。

（2）高免蛋黄抗体：大鹅 2 毫升、中鹅 1.5 毫升、小鹅 1 毫升，肌内注射，隔天再注射一次。

（3）喉炎平或喉炎清：每 100 克加水 50 千克，自由饮水，连用 3 天。

（4）干扰素：2 万单位 / 千克体重。另外饮水中加入 0.2% 浓度的维生素 C 可防应激。

【预防措施】以往认为禽流感在鹅中带毒不发病，但近年来却以一种烈性病毒传染病方式出现。由于鹅的禽流感的流行病学在很多方面，特别是传染的来源还未搞清楚，因此养殖中目前只能采用一般的预防措施。

（1）禁止从疫区引种，从源头上控制本病的发生。正常的引种要做好隔离检疫工作，最好对引进的种鹅群抽血，做血清学检查，淘汰阳性个体；无条件的也要对引进的种鹅隔离观察 5 ～ 7 天，淘汰盲眼、红眼、精神不振、步态不正常、排绿色粪便的个体。

（2）鹅群接种禽流感灭活疫苗。种鹅群每年春秋季各接种 1 次，每次每只接种 2 ～ 3 毫升；仔鹅 10 ～ 15 日龄每只首免接种 0.5 毫升，25 ～ 30 日龄每只再接种 1 ～ 2 毫升，可取得良好的效果。

鹅的禽流感和鹅副黏病毒病二联灭活菌能有效地控制这两种疫病的发生，免疫方法与单苗相同。

（3）避免鹅、鸭、鸡混养和串栏。禽流感有种间传播的可能性，应引起注意。

（4）栏舍、用具要定期消毒（平时隔 15 天消毒 1 次，有疫情时隔 7 天消毒 1 次），保持清洁卫生。

（5）肉用鹅饲养实行全进全出制度，出栏后空栏要消毒和净化 15 天以上。

（6）一旦受到疫情威胁或发现可疑病例立刻采取有效措施防止扩散，包括及时准确诊断病例、隔离、封锁、销毁、消毒、紧急接种、预防投药等。

2.小鹅瘟

小鹅瘟又名鹅细小病毒感染，是由小鹅瘟病毒所引起的雏鹅的一种急性或亚急性的败血性传染病。主要侵害3～20日龄雏鹅，发病率和死亡率很高，对养鹅业生产危害极大。

【发病特点】本病主要感染鹅，其他禽类除番鸭外，均不易感。在自然情况下，主要发生在3～20日龄的雏鹅，20日龄以上鹅发病率较低，成年鹅感染后不发病，但可成为带毒者，将病毒通过种蛋传给下一代。患鹅日龄越小，死亡率越高，10日龄内死亡率可达100%，15日龄以上发病较为缓和，部分可自行康复。但据近年报道，发病日龄已延至30～60日龄的报道。

本病的传播途径主要是消化道，病鹅和带毒鹅是主要传染源，被病毒污染的饲料、饮水、垫草、工具等都是本病的传播途径。也可通过种蛋进行垂直传播。本病流行有周期性，大流行后1～2年内不发病。

【临床症状】临床症状可分为最急性、急性和亚急性三型。

（1）最急性型：常发生于 1 周龄内的雏鹅，往往无明显临床症状突然死亡，或发现病雏衰弱、呆滞或倒地两脚乱动，不久死亡。

（2）急性型：2 周龄内发病雏鹅多为急性型，病雏精神萎靡、缩头、步行艰难，常离群独处，食欲废绝，喜欢饮水，严重下痢，排出黄白水样或混有气泡的稀粪。

（3）亚急性型：发生于 2 周龄以上的雏鹅，常见食欲不振，下痢，病鹅日益消瘦，病程可达 1 周以上，有的病雏可康复，但生长发育不良。

【病理变化】

（1）最急性型病例，剖检时仅见十二指肠黏膜肿胀充血，有时可见出血，在其上面覆盖有大量的淡黄色黏液；肝脏肿大充血出血，质脆易碎；胆囊胀大、充满胆汁，其他脏器的病变不明显。

（2）急性型病例，解剖时可见肝脏肿大，充血出血，质脆；胆囊胀大，充满暗绿色胆汁；脾脏肿大，呈暗红色；肾脏稍为肿大，呈暗红色，质脆易碎。肠道有明显的特征性病理变化；病程稍长的病例，小肠的中段和后段，尤其是在卵黄囊柄与回盲部的肠段，外观膨大，肠道黏膜充血出血，发炎坏死脱落，与纤维素性渗出物凝固形成长短不一（2～5 厘米）的栓子，体积增大，形如腊肠状，手触腊肠状处质地坚实，剪开肠道后可见肠壁变薄，肠腔内充满灰白色或淡黄色的栓子状物（以上俗称为腊肠粪的变化，是小鹅瘟的一个特征性病理变化）。也有部分病鹅小肠中后段未见明显膨大，但可见到肠黏膜充血出血，肠腔内有大量的纤维素性凝块和碎片，未形成坚实栓子。

【诊断】根据本病流行病学、临床症状和特征性的消化道病变，一般可做出初步诊断。进一步诊断需借助实验室方法。

【治疗方法】各种抗菌药对本病无治疗作用。由于病程太短,对于症状严重的病雏,抗小鹅瘟高免血清的治疗效果甚微。及早注射禽用白细胞干扰素能制止80%~90%已被感染的雏鹅发病。

(1)对于发病初期的病鹅用禽用白细胞干扰素饮水给药;1瓶禽用白细胞干扰素供500羽饮用,每天1次,连用3~5天。

(2)在饲料中加入葡萄糖、维生素 B_1、维生素 C,可增强雏鹅的抵抗力。

(3)发生小鹅瘟时紧急接种小鹅瘟高免血清或小鹅瘟高免卵黄抗体,潜伏期的雏鹅 0.5 毫升,已出现初级症状者 2~3 毫升皮下注射。

【预防措施】防治各种抗生素和磺胺类药物对此病无治疗作用,因此主要做好预防工作。

(1)应坚持预防为主原则,有条件时实行自繁自养。

(2)消毒:孵化室的一切用具、设备于使用后必须清洗消毒。对病死鹅要作深埋处理。

(3)小鹅瘟疫苗注射:母鹅在产蛋前1个月,每只注射1:100 倍稀释的(或见说明书)小鹅瘟疫苗1毫升,免疫期300天,每年免疫1次,雏鹅可获坚强保护。注射后2周,母鹅所产的种蛋孵出的雏鹅具有免疫力。

(4)免疫血清注射:于雏鹅卵3日龄内每只注射0.5毫升高免血清或卵黄抗体,一周后再用雏鹅专用小鹅瘟疫苗免疫一次,保护率可达90%以上。

3.鹅副黏病毒病

鹅副黏病毒病是由副黏病毒感染而引起的鹅的一种急性传染病,一年四季均可发生,不同品种的鹅都可感染发病,鹅发病后，同群的鸡也可感染发病，但鸭不感染发病。

【发病特点】本病对鹅危害较大，常引起大批死亡，尤其是雏鹅死亡率可达95%以上。给养鹅业造成巨大的经济损失，是目前鹅病防治的重点。

本病主要通过消化道和呼吸道感染水平传播，病鹅的唾液、鼻液及被粪便沾污了的饲料、饮水、垫料、用具等均是重要的传染源。病鹅在咳嗽和打喷嚏时的飞沫内含有很多病毒，散布于空气中，易感鹅吸入之后，就能发生感染，并从一个鹅群传到另一个鹅群。病鹅的尸体、内脏和下脚料及处理不当的羽毛也是重要的传染源。鹅副黏病毒也能通过鹅蛋垂直传播。此外，许多野生飞禽和哺乳动物也都能携带病毒。

【临床症状】各种年龄的鹅都易感染，主要发生于15～60日龄的雏鹅。鹅龄越小发病率和死亡率越高，病程短，康复少。通常15日龄以内雏鹅的发病率和死亡率可高达90%以上，随着鹅群日龄的增长，发病率和死亡率也下降，部分病鹅可逐渐康复。

自然感染病例，潜伏期一般3～5天。病鹅表现为精神委顿，流泪，有鼻液，粪便白色或青色水样，泻痢，食欲减少，饮欲增加，无力，常蹲地，有的单脚不时提起，体重减轻，继之眼结膜充血潮红；后期可出现头颈颤抖、扭颈、转圈、仰头等神经症状病例；10日龄左右患病鹅有甩头、咳嗽等呼吸道症状。病鹅最后因衰竭死亡，病程2～3天至10余天不等。部分病鹅可逐渐康复，一般发病率为16%～100%，平均23%，死亡率为7%～91%。

【病理变化】特征病变主要在消化道。食道内可见大量黄色液体，部分患鹅食道出血、坏死，食道黏膜特别是下端有散在芝麻粒大小的灰白色或淡黄色易剥离的结痂，剥离后可见斑点或溃疡；部分病鹅腺胃黏膜水肿增厚，有粟粒样白色坏死灶，或黏膜表面出血、溃疡，形成白色结痂；肌胃黏膜下出血溃疡，特别是前半部的黏膜水肿，易剥离。肠道黏膜上有淡黄色或灰白色芝麻粒至小蚕豆粒大纤维素性坏死性结痂，剥离后呈枣核形、椭圆形出血性溃疡面；部分病例小肠黏膜有弥漫性针尖样出血点或出血条斑；盲肠扁桃体肿大，明显出血，盲肠和直肠黏膜上也有同样的出血、坏死病变；肾脏略肿、色淡，输尿管扩张、充满白色尿酸盐结晶。

其他器官的变化为皮肤淤血；肝脏肿大、淤血、质地较硬，有数量不等、大小不一的坏死灶；脾脏肿大、淤血，有芝麻大的坏死灶；胰腺肿大，有灰白色坏死灶；心肌变性；脑充血、淤血。

【诊断】鹅副黏病毒病的诊断可以根据它的流行病学、临床症状和病理变化三个方面综合诊断。确诊时须用鸡胚进行病毒分离，以及用血凝试验和血凝抑制试验、中和试验、保护试验等血清学方法进行鉴定。

【治疗方法】对发病鹅群，可用鹅副黏病毒抗血清治疗，1～7日龄雏鹅1～1.5毫升／羽，皮下注射。10日龄以上雏鹅按2.0毫升/千克体重，皮下注射，一般1次见效。重病者隔3天再注射1次。

【预防措施】

（1）隔离饲养：规模饲养一旦染病，传播迅速，损失极大，必须采取严格的隔离饲养措施。鹅场、鹅舍要选择远离交通要道、畜禽交易场所、屠场等易污染的地方，同时不要鸡、鹅同时饲养。场内生活办公区和饲养区要进行严格隔离。

农村病死鸡、鹅等要深埋或焚烧，不可随意抛弃。实行全进全出制，避免不同日龄鹅混养，防止不同批次间疫病传播。

（2）严格消毒：对鹅场无疫病时要定期消毒，发生疫病要随时消毒。门口设置消毒池。育雏室在育雏前要用福尔马林熏蒸消毒，密闭熏蒸24小时。

（3）免疫接种

①种鹅免疫：留种时应进行一次免疫，产蛋前2周再进行一次灭活苗免疫，在第二次免疫后三个月左右进行第三次免疫。使鹅群在产蛋期均具有免疫力。

②雏鹅免疫：经免疫的种鹅产下母源抗体正常的雏鹅群在15天左右进行一次灭活菌初免，2个月后再进行一次免疫；无母源抗体的雏鹅（种鹅未经免疫），可根据本病的流行情况，在2～7日龄或10～15日龄进行一次免疫，在第一次免疫后2个月左右再免疫一次。

4.雏鹅新型病毒性肠炎

雏鹅新型病毒性肠炎是由雏鹅新型病毒性肠炎病毒感染引起的雏鹅的一种卡他性、出血性、纤维素性和坏死性肠炎。

【发病特点】主要发生于3～30日龄雏鹅。

【临床症状】该病自然感染潜伏期3～5天，人工接种潜伏期大多为2～3天（85%），少数4～5天。人工感染早期表现为鹅群不活跃，食欲不佳，精神萎靡不振，叫声不洪亮，羽毛松乱，两翅下垂，嗜睡，排稀粪。后期呼吸困难，食欲基本废绝，排水样稀粪，夹杂有黄色或黄白色黏液样物质，部分雏鹅排出的粪便呈暗红棕色。肛门周围的羽毛打湿，沾满粪便。病鹅行走摇晃或站立不稳，间隙性倒地抽搐，两脚朝天乱划，最后消瘦、极度衰竭，昏睡而死，死亡鹅多有角弓反张状。患病鹅生长迟缓，体重比正常对照组要轻1倍左右。雏鹅接种后第4天开始出现死亡，第11～18天为死亡高峰期，至25天全部死亡。

自然病例通常可以分为最急性、急性和慢性型。

（1）最急性型：病例多发生在3～7日龄雏鹅，常常没有前驱症状，一旦出现症状即极度衰弱，昏睡而死或临死前倒地乱划，迅速死亡，病程几小时至1天。

（2）急性型：病例多发生在8～15日龄，表现为精神沉郁，食欲减退。随群采食时往往将所啄之草丢弃。随着病程的发展，病鹅掉群，行动迟缓，嗜睡不采食，但饮水似不减少。病鹅出现腹泻，排出淡黄绿色或灰白色或蛋清一样的稀粪，常混有气泡，恶臭。病鹅呼吸吃力，鼻孔流出少量浆液性分泌物，喙端及边缘色泽变暗。临死前两腿麻痹不能站立，以喙触地，昏睡而死，或临死前出现抽搐而死，病程3～5天。

（3）慢性型：病例多发生于15日龄以后的雏鹅，临床症状主要表现为精神萎靡、消瘦、间隙性地腹泻，最后因消瘦、营养不良和衰竭而死。部分病例能够幸存，但生长发育不良。

【病理变化】本病的主要病变在肠道，并且具有特征性。日龄小，死亡较快的，主要病变为各小肠段严重出血，黏膜肿胀，肠道内有大量黏液。病程稍长的，死亡的雏鹅各小肠段严重出血，黏膜表面可见少量黄白色凝固的纤维素性渗出物，并有少量片状坏死物。后期死亡或病程更长的，死亡鹅小肠后段开始出现包裹有淡黄色假膜的凝固性栓子。没有栓子的小肠段，严重出血，黏膜面呈红色。

除小肠的病变外，早期死亡的雏鹅还有盲肠与直肠出现肿胀、充血，管腔内有较多的黏液，泄殖腔充满稀薄的黄白色内容物。雏鹅呈现皮下充血、出血；胸肌和腿肌呈暗红色；肝脏淤血呈暗红色有出血点或出血斑；胆囊胀大，较正常大3～5倍，胆汁呈深墨绿色；肾脏充血，外观呈暗红色；心肌松弛、局部充血和脂肪变性。其他组织器官无明显异常。后期死亡的鹅或病程长者，除肝脏淤血呈暗红色和肾脏轻度充血、出血之外，其他器官无明显异常。急性死亡鹅的尸体脱水明显。

【诊断】本病极容易和小鹅瘟混淆，应注意从流行病学、临床症状和病理变化上仔细区分。确诊本病必须通过实验室诊断。

【治疗方法】对发病的雏鹅群，使用"雏鹅新型毒性肠炎高免血清"或"雏鹅新型病毒性肠炎-小鹅瘟二联高免血清"皮下注射1.0～1.5毫升/只，治愈率可达60%～100%。在治疗过程中，肠道往往发生其他细菌感染，故在使用血清进行治疗时，可适当配合使用其他广谱抗生素、电解质、维生素C、维生素K$_3$等药物，以辅助治疗，可获得良好的效果

【预防措施】预防本病，关键措施是不从病疫区引进种鹅。在疫区对鹅群进行免疫预防。

（1）种鹅免疫：在种鹅开产前使用"雏鹅新型病毒性肠炎-小鹅瘟二联弱毒疫苗"进行免疫，间隔7～14天进行第二次免疫。

（2）雏鹅免疫：对雏鹅1日龄时，使用"雏鹅新型病毒性肠炎弱毒疫苗"口服进行免疫，3天即可产生部分免疫力，5天可产生100%免疫保护。

（3）高免血清防控：对出壳1日龄雏鹅，使用"雏鹅新

型病毒性肠炎高免血清"或"雏鹅新型病毒性肠炎 – 小鹅瘟二联高免血清"皮下注射 0.5 毫升，即可预防该病的发生。

5.鹅病毒性肝炎

鹅病毒性肝炎是一种传播迅速、发病急、致死率高的传染病，其特点是侵害雏鸡、雏鸭、雏鹅、雏火鸡、雏鸟，并致其肝脏典型病变，对禽类生产和健康是一种危害。

【发病特点】在规模饲养场，孵化季节流行甚广，传播快。在饲养管理不当、舍内潮湿、密度大、维生素缺乏时可引发此病。

（1）多发于雏鹅，主要是 3 周龄内的雏鹅。

（2）病鹅群常在发病的 2～3 天达到死亡高峰，死亡率可达 90% 以上。

（3）本病通过消化道和呼吸道感染，无垂直传播。病鹅及隐性带毒成鹅是主要传染源。

【临床症状】本病潜伏期一般1～4天，雏鹅发病常在4～5日龄后，急性的无任何症状突然死亡。病鹅最初症状是扎堆，精神不振，翅膀下垂呈昏睡状态。随后病鹅出现共济失调，阵发性抽搐等神经症状。两脚痉挛性反复踢蹬，身体倒向一侧，头向后仰，有的打圈呈角反张姿势。十几分钟后死亡，死亡后喙端及爪尖淤血呈暗紫色。部分病例死前排黄白色或绿色稀粪。

【病理变化】本病主要病变部位在肝脏，肝脏肿大，质脆，外观表面有斑点状或片状出血或坏死灶，呈红黄色或土黄色。胆囊肿大胆汁呈淡绿色，肾脏肿大呈路纹状充血。

【诊断】本病以突然发病，迅速传播和急性经过为特征，以肝脏肿大、质脆、出血、土黄色为主要剖检症状。取典型病灶研磨，加入抗生素，离心沉淀，取上清液，接种9日龄鸡胚4枚，72小时全部死亡。剖检肝脏仍有与雏鸡鹅同样的黄色坏死灶，即可诊断。

【治疗方法】一旦爆发本病，立即隔离病鹅，并对鹅舍彻底消毒。

（1）彻底清刷料槽、水槽，喷雾消毒，病鹅用百毒杀消毒液（按1：2000比例）消毒。

（2）料中添加抗病毒药：每千克饲料投病毒灵6片，复合维生素 B10 片，肝太乐 0.05×10 片，维生素 C 0.1×10 片，喂 5 天为一个疗程。

（3）饮水中加药：病毒唑 5 克，氨苄青霉素 5 克，加水 50 千克饮用，每日 2 次，连用 3 天为一个疗程。初发时可注射孵黄抗体或高免血清。

（4）促进解毒、排毒：用速补 20 加 10% 口服葡萄糖，饮水每日 2 次，连饮 7 天。

（5）补充维生素 C，提高抵抗力。在无口服葡萄糖情况下，用白糖 0.5 千克加水 5 千克，加维生素 C50 克，每日饮水 2 次，连饮 5 日为一个疗程，即可控制死亡。

【预防措施】本病主要通过消化道及呼吸道感染。所以消毒应从孵化开始，包括饲养场地、饲料、饮水、饲养工具、饲养人员、车辆等，都要在育雏前做好消毒、防护工作。可在出壳4～16小时内接种病毒肝炎疫苗；定期饮服消毒药，清除肠道病毒传播途径；入雏1周内喂1个疗程的肠道消炎药，如大肠杆菌杀星、氟本尼考制剂。并加入维生素C，提高抵抗力。做好饲养管理，减少冷刺激；喂1个疗程的抗病毒药，如中草药、病毒唑等，防止早期感染。

6.禽霍乱

禽霍乱又称禽巴氏杆菌病、禽出血性败血病，由于病禽常发生剧烈下泻，所以通称禽霍乱。对鸡、鸭、鹅等家禽具有较高发病率和致死率，常未见明显临床症状就突然死亡。本病的发生常为散发性或呈地方性流行。

【发病特点】鹅对巴氏杆菌的易感性尽管没有鸭等高，但各种年龄的鹅都可感染，以雏鹅、仔鹅和产蛋期种鹅为多见。病鹅、带菌鹅和周围其他带菌家禽或野禽是本病的主要传染源。由于巴氏杆菌为呼吸道常在性细菌，鹅发生该病，常常没有明显的传染源，而是与本身的抵抗力下降有关，如饲养管理不良、营养缺乏、长途运输、天气骤变、禽舍阴暗潮湿、通风不良和寄生虫病等都能促进本病的发生和流行。鹅或其他禽发病后，可通过排泄物和分泌物排菌污染饲料、饮水、饲养管理用具、禽舍和饲养人员等，从而造成本病的传播。此外，苍蝇、蜱和螨等昆虫，也是传播本病的媒介。

【临床症状】依据鹅体抵抗力和病菌致病力的强弱及流行期不同表现病状有差异。一般可分为最急性、急性和慢性三种。

（1）最急性型：常见于本病刚开始暴发的最初阶级。鹅群中出现生前不显任何症状而突然死亡的病例。常常是晚上吃食正常，发现不了有发病鹅，而第2天早晨却有鹅死亡。有时病鹅表现突然不安，往往在吃食中或奔跑中突然倒地，双翼扑动几下，随即死亡。

（2）急性型：随着疫情的发展，陆续出现急性型病例。病鹅表现离群、精神萎靡，缩头弯颈，羽毛松乱；翅膀下垂。不爱活动，强行驱赶。行走吃力或不能行走，叫声嘶哑。体温高达43～44℃,食欲废绝,口渴喜饮、食道膨大部积食胀大,倒提时常从口中流出黏稠带泡沫的酸臭液体。呼吸加快、张口呼吸,频频摆头甩头以甩出呼吸道分泌的过多黏液。病鹅腹泻剧烈,排出灰白色、灰黄或黄绿色的稀便,有时便中有血液,恶臭。一般发病后1～3天死亡。

（3）慢性型：多发生在流行的后期,也有因急性不死而转为慢性者。病鹅持续性腹泻、消瘦、贫血。有的病鹅关节发生炎性化脓性肿胀,行走困难而呈现跛行。病程较长,病鹅死亡率低,但消瘦,生产性能低下,长期不能恢复。

【病理变化】

（1）最急性死亡病例,常无明显病变,有时可见眼结膜充血发绀,浆膜有小点状出血,肝表面有很细微的黄白色坏死灶。

（2）急性死亡病例,主要病变是出血性败血性变化。皮肤上有散在的少数出血点,腹部皮下有胶冻样水肿物；心包液增多,呈淡黄色透明状,有的也有纤维素絮片状物,液体混浊,心外膜和心冠脂肪上有出血斑点；肝脏稍肿,色泽变淡,质地脆弱,表现有针尖状出血点和坏死灶；脾稍肿大,质地柔软；胆囊肿大,肠道黏膜呈现充血和出血性炎症,也有的肠段呈现卡他性出血性肠炎；肺有炎症、气肿和出血性病变,呼吸道黏膜有充血或出血性炎症,也有卡他性炎症；有的病例有气囊炎。

（3）慢性病例多呈关节炎症,关节肿胀、关节囊壁增厚、关节腔内有暗红色混浊而黏稠的液体,有的关节腔内还有干酪样物质；肝脏一般有脂肪变性,或者有坏死灶。侵害呼吸系统的病例,其鼻腔、鼻窦及气管呈卡他性炎症。

【诊断】根据流行病学、症状、病变可做出初步诊断。确诊可采取心血涂片或用内脏的器官组织触片，用亚甲蓝染色或用革兰染色后镜检观察细菌的形态。

【治疗方法】一旦发生本病，应迅速隔离发病鹅只，对污染的鹅舍、用具等外界环境可用石灰水、菌毒光或消毒王等消毒药水喷洒以紧急消毒，对病死鹅尸体进行深埋或高温处理。鹅群采取紧急治疗和预防措施。

（1）磺胺类药物：磺胺嘧啶、磺胺二甲嘧啶、磺胺异噁唑，按0.4%～0.5%混于饲料中喂服，或用其钠盐配成0.1%～0.2%水溶液饮服，连喂3～5天。磺胺二甲氧嘧啶、磺胺喹噁啉，按0.05%～0.1%混于饲料中喂服。

（2）抗生素：每只肌内注射10万单位青霉素或链霉素，每日2次，连用3～4天。用青、链霉素同时治疗，效果更佳。土霉素按每千克体重40毫克或氯霉素20毫克给病鹅内服或肌内注射，每天2～3次，连用1～2天。大群治疗时，用土霉素按0.95%～0.1%比例混于饲料或饮水中，连用3～4天。

（3）喹乙醇：按每千克体重20～30毫克拌料喂用3～5天，疗效良好。

（4）复方阿莫西林可溶性粉每50克加水250千克，连用3～5天。

【预防措施】该病主要是平时加强饲养管理，搞好清洁卫生和消毒工作，尽可能避免从疫区购进鹅苗。经常发生本病的地区或鹅场，应定期预防接种。

（1）加强科学饲养管理：在饲养管理的过程中，要重视鹅的营养，搞好环境卫生，保持鹅的活动场所干燥、通风、光线充足，并要有足够的锻炼，提高鹅的体质，增强抵抗力。

同时，严禁在鹅舍及鹅的活动场所附近宰杀病禽，严防污染环境、传播疾病。另外还要防止家禽混养，以免相互感染。在饲养管理过程中，应坚持定期检疫，及早发现，采取措施，减少损失。

（2）免疫预防

①大群养鹅，多采用饮水免疫。免疫前3～5天停止使用一切抗生素和其他抗菌药，免疫当天或前2天晚上停止饮水和多汁饲料，使鹅群处于半饥渴状态，选用1010禽霍乱弱毒菌苗，按使用说明书的规定及鹅只的数量计算菌苗的用量，用井水稀释（不能用自来水，因其中有漂白粉，有杀菌作用），充分搅匀后倒入饮水槽中，多设几个饮水点，保证每只鹅饮足菌量。也可以在饮水中加入适量的玉米粉拌成稀粥状，让鹅自由食入，最好在2小时内吃完。第一次免疫后4～5天，按上述方法再进行第二次免疫，3天后即可产生免疫力，免疫期8个月。免疫前对鹅群进行一次检查，有病状的鹅不宜进行免疫。

②30日龄左右肌注禽霍乱疫苗，免疫期为5～6个月。

（3）药物防治

①磺胺嘧啶或复方新诺明按0.5%混入饲料中喂服，或用土霉素按2%混入水中饮用。

②土霉素每千克饲料中加入2克，拌匀饲喂，仔鹅药量酌情减少。

③敌菌净按0.02%拌入料中饲喂，连用7天。

④诺氟沙星，每千克饲料中添加0.2克，充分混匀，连喂7天。仔鹅药量酌情减少。

⑤环丙沙星，每升饮水中添加0.05克，连喂7天。

⑥青霉素每只5万～8万单位，一日2～3次，肌内注射，连用4～5天。

⑦链霉素每只肌内注射10万单位，每天1次，连用2～3天。

⑧氯霉素每千克体重50毫克，内服，一日1次，连用2天。仔鹅药量酌情减少。

7.副伤寒

副伤寒是由除鸡白痢和鸡伤寒沙门氏菌以外的其他沙门氏菌引起鹅的一种急性或慢性传染病。主要发生在幼鹅、幼鸭、幼鸡、幼鸽等幼小家禽，可以引起幼禽大批死亡，成年家禽往往是慢性或隐性感染，成为带菌者，并能互相传染，也可传染给人。这一类细菌危害甚大，本病在世界分布广泛，几乎所有的国家都有本病存在。

【发病特点】患病和病愈带菌并排菌的禽是本病的主要传染源，鼠类和苍蝇等也都是副伤寒病原体的主要带菌者，对传播本病起着重要作用。本病的传播途径主要是消化道，其次是通过种蛋的垂直传播，带菌鹅所产的种蛋，孵化时可使胚胎死亡或雏鹅出壳后发病，并造成病原体扩散。少数情况下可通过带菌飞沫经呼吸道黏膜而感染。

与大肠杆菌相似，本菌也为条件性病原菌，在环境中特别是不洁的饮水、饲料中广泛存在，甚至健康鹅的消化道、呼吸道中也存在有本菌。在各种应激因素如温度偏低、潮湿，饲养密度过大，突然改变饲料配方等的作用下，使机体抵抗力降低，均可造成内源性感染而发病或流行。再加上卫生条件差、饲料品质差或并发其他疾病等情况，本病发病率和死亡率可大大增高。

【临床症状】胚胎期感染种蛋表面污染的沙门氏菌可侵入蛋内，在胚胎发育过程中是胚胎发病，引起胚胎发育中断或产出病雏、弱雏。沙门氏菌感染引起的胚胎死亡多集中在孵化前期，尤以第6～10天最多。

雏鹅感染经卵感染或出壳雏鹅在孵化器感染本菌，常表现为急性、呈败血病经过，往往不显任何症状而迅速死亡。以后感染的（1～3周易感性最高），可呈急性或亚急性经过，潜伏期一般为12～18小时，有时稍长。主要表现嗜眠呆立、结膜发炎、眼睑浮肿、垂头闭眼、两翅下垂、羽毛松乱、怕冷打堆、厌食、饮水增加；腹泻，排粥状或水样稀粪，常混有气泡，呈黄绿色，肛周粪污，粪便干后可堵住肛门使排粪困难，少数还出现脱肛现象。鼻流浆液或黏液性分泌物，呼吸困难，常张嘴呼吸，腿软，不愿走动，有的关节肿胀疼痛，出现跛行。多数最后死亡，死前头后仰脚后蹬。病程约1～4天。

【病理变化】胚胎期感染发病的，死胚的病变主要是尿囊肿胀、充血，肝脏可见弥漫性分布的灰白或灰黄色小坏死灶，胆囊肿大、充满胆汁，心脏和肠黏膜有出血点，脾肿大。

雏鹅发病死亡的，如病程较短的急性病例中往往无明显的病理变化。病程较长时，可见肝肿大，充血，呈古铜色，表面被纤维素渗出物覆盖，肝实质有针尖至粟粒大的灰黄色坏死小结节；肠黏膜充血、出血，其中以十二指肠较为严重，肠淋巴滤泡肿大，常突出于肠黏膜面，盲肠内有白色豆腐渣样物质形成栓塞；脾脏肿大，伴有出血条纹或小点坏死灶；胆囊肿胀并充满大量胆汁；心包炎，心包内积有浆液性纤维素渗出物。慢性病例表现肠黏膜坏死、溃疡。

【诊断】本病诊断比较困难，其临床症状和病理变化很易与其他病相混淆。根据肉用鹅的发病情况和病理解剖排除小鹅瘟等肠道疾病时，可以疑似本病。亦可进行药物性诊断，投服抗生素观察治疗效果。若要确诊必须进行实验室检查，分离和鉴定病原菌。

【治疗方法】

（1）磺胺甲基嘧啶和磺胺二甲基嘧啶，将两者均匀混在饲料中饲喂，用量为0.2%～0.4%，连用3天，再减半量用一周。0.05%～0.1%磺胺喹噁啉连用2～3天后，停药两天，再减半量用2～3天，也有较好的效果。

（2）呋喃唑酮混在饲料中，用量为0.02%～0.04%，连用一周，再减量至0.01%～0.015%，连用1～2周。

（3）土霉素、金霉素和四环素等混入饲料中，用量为0.02%～0.06%，可连用两周。

（4）链霉素或卡那霉素，肌肉注射，每只每日2.5毫升，连用4～5天。

（5）磺胺甲基嘧啶与复方新诺明，按0.3%均匀拌料饲喂；饮水中加入0.04%呋喃唑酮，连用7天。

（6）将大蒜洗净捣烂，一份大蒜加5份清水，供鹅群饮服。

【预防措施】预防禽副伤寒的方法，首先要加强鹅群的环境卫生和消毒工作，地面的粪便要经常清除，防止沾污饲料和饮水。坚持灭鼠，消灭传染源。

此外，常用的抗生素也可进行防治，如土霉素0.2～0.4克，或加入氯霉素0.4克，连用5天。呋喃唑酮每千克饲料加入0.11克，连用7～10天。氟哌酸、强力霉素按每千克饲料加100毫克拌料饲喂。

8.大肠杆菌病

鹅大肠杆菌病是由致病性大肠杆菌引起的鹅的急性或慢性疾病的总称。因鹅的日龄、抵抗力以及菌体血清型的差异，临床上，鹅感染大肠杆菌后可表现为多种类型的疾病，如雏鹅败血症、关节炎、肠炎、眼球炎、大肠杆菌性肉芽肿、死胚和脐炎等。本病有较高的发病率，可造成严重的经济损失。

【发病特点】大肠杆菌广泛分布于自然界，是人和动物肠道的常在菌。

【临床症状】根据病理特征可分以下几种病型。

（1）卵黄囊炎及脐炎型：本病型多发生于胚胎期至3日龄的雏鹅，感染的鹅胚有的在孵出前可能死亡，即使能出雏的大多是残弱雏鹅，或推迟半天至1天时间，且脐部多与蛋壳内壁粘连。临床所见病例，腹部膨大、脐部发炎肿胀，有的脐孔破溃，皮肤较薄，严重者颜色青紫、病雏精神差，两肢无力，喜卧嗜睡，不吃或少食，饮水亦少，一般多于1～3天内死亡，极少数病雏也能拖延至5～7天。

（2）眼炎型：多见于1～2周龄雏鹅，发病雏鹅眼结膜发炎、流泪，有的角膜混浊，病程稍长的眼角有脓性分泌物，严重者封眼，病程1～3天，本病型有时在鹅群中常与其他病型同时出现。

（3）关节炎型：临床多见于7～10日龄雏鹅，病雏鹅一侧或两侧跗关节或趾关节炎性肿胀，运动受限，出现跛行，吃食减少，若不及时治疗，病雏鹅常在3～5天内衰竭死亡。

（4）败血型：本病型见于各种日龄的鹅，但以1～2周龄幼鹅多见。常突然发生，最急性的则无任何症状出现死亡。

189

发病鹅精神欠佳、吃食减少、渴欲增强、羽毛蓬松、缩颈闭眼、大便拉稀、常喜卧、不愿运动，部分病鹅出现呼吸道症状，眼、鼻常有分泌物，病程1~2天。

（5）脑炎型：见于一周龄的雏鹅，多为病程稍长的转为脑炎型。病雏扭颈，出现神经症状，吃食减少或不食，病程2~3天。

（6）浆膜炎型常见于4~8周龄的肉用仔鹅，病鹅精神沉郁、食欲不振或废绝、气喘甩鼻、出现呼吸道症状严重者张口呼吸，眼结膜和鼻腔常有浆液性或黏液性分泌物，缩颈闭眼，羽毛松乱、两翅下垂，常发生下痢;病程一般2~7天。

【病理变化】

（1）死于卵黄囊炎以及脐炎的病死雏鹅可见卵黄囊膜水肿增厚、卵黄吸收不良、卵黄稀薄、腐臭，呈污褐色，或内有较多的凝固的豆腐渣样物质。喙、脚蹼常干燥。

（2）眼炎型的病例，除眼结膜炎或角膜炎外，可见气囊轻度混浊，肝脏肿大，严重的呈青铜色，有散在的坏死灶，胆囊充盈，肠道黏膜呈卡他性炎症。

（3）关节炎型的病死鹅，剖检可见跗关节或趾关节炎性肿胀，内含有纤维素性或混浊的关节液。败血型的病死鹅，常见心包积液，心冠脂肪有出血点，肝脏呈青铜色，有出血点或有散在的坏死灶，肠道黏膜呈卡它性炎症。幼雏有时伴有气囊炎、脐炎及眼结膜炎。脑炎型例见肝脏肿大，呈青铜色，有散在的坏死小点，脑膜血管充血，脑实质有点状出血。

（4）死于浆膜炎型病鹅，可见心包积液，心包膜增厚，呈纤维素性心包炎，气囊混浊，表面有纤维素渗出，呈纤维素性气囊炎，肝脏肿大，表现亦有纤维素膜覆盖，有的肝脏伴有坏死灶;病程较长的腹腔内有淡黄色腹水,肝脏质地变硬。肠道黏膜轻度出血,鼻窦腔内有浆液性或黏液性分泌物。

【诊断】根据流行病学调查,临床症状分析,病理解剖病变等特征即可初步诊断。但确诊需实验室诊断。

【治疗方法】常用方法如下(任选一种):

(1)每只肌内注射庆大霉素4万～8万单位,每天2次,连用3天。

(2)每只胸肌注射卡那霉素或链霉素10万～20万单位,每天2次,连注3天。

(3)每只胸肌注射20%磺胺噻唑钠3～4毫升,每天1次,连注3天。

(4)每天每只喂服呋喃唑酮30～40毫克,连喂5天。病鹅多时可将药物拌入饲料中喂给。

【预防措施】建立良好的饲养管理制度,注意饲料的质和量。保持禽舍的清洁卫生,鹅舍应通风良好,饲养密度应适当,冬季注意保暖。饲喂要定时定质定量,不喂霉烂变质的饲料,不要突然更换饲料,要保持有足够的清洁饮用水。养鹅场、用具要定期消毒。发现病鹅应立即隔离,应用药物进行治疗。

药物防治可选用多种抗菌药物,如卡那霉素、新霉素、四环素、庆大霉素、磺胺类(如复方敌菌净,预防0.02%混饲,治疗0.03%混饲)和呋喃类药物等,喹诺酮类药物如诺氟沙星、环丙沙星和恩诺沙星(混饲浓度为0.005%～0.01%,连喂3～5天)对本病的防治有较好的效果。应注意的是大肠杆菌容易产生对抗微生物药物的抗药性,在选用药物时应尽可能作药敏试验,选择敏感性药物,并应要有充足的疗程(一般应连续使用5～7天）。另外，在同一养鹅场应尽量避免长期使用相同的抗微生物药物。

由于大肠杆菌的血清型很多，而各型间又无交叉免疫力，对本病的免疫性防治，至今尚缺乏有良好免疫效果的菌苗。

9.曲霉菌病

曲霉菌病又叫曲霉菌性肺炎，是由曲霉菌感染引起的多种禽类的一种常见传染性疾病。

【发病特点】本病的发生有一定的季节性，主要多见于南方温暖、多雨潮湿的季节。

本菌可感染多种禽类，雏鹅最易感染，常呈急性暴发。出壳后的雏鹅进入被烟曲霉污染的育雏室后，48小时左右即可有病雏出现并开始死亡；4～12日龄是流行高峰期，以后逐渐减少，至30日龄基本停止死亡。如果饲养管理条件不好，则疫情可延续到60日龄。

本病主要是经呼吸道吸入霉菌孢子感染，经消化道、眼结膜、伤口也可感染。污染的木屑、稻草等垫料，发霉的饲料，是引起本病主要传播媒介。育雏期饲养管理差，室内温差大，通风换气不良，过分拥挤，阴暗潮湿，营养不良及患某些疾病情况下，可促进本病发生和死亡。

【临床症状】急性者可见病雏呈抑制状态，多卧伏，拒食，对外界反应淡漠。病程稍长者，病鹅呼吸困难，呼吸次数增加，张口吸气时常见颈部气囊明显胀大，一起一伏，呼吸时如同打哈欠或打喷嚏样。当气囊破裂时，呼吸时发出"嘎嘎"声。有时闭眼伸颈，体温升高，渴欲增加，眼、鼻流液，有甩鼻涕现象，迅速消瘦。后期出现腹泻，吞咽困难，终因麻痹而死。病程一般在1周左右，死亡率可达50%，如果并发其他疾病，死亡率更高，有的甚至全群覆灭。一般来说，随鹅的日龄增大，发病率和死亡率降低。

有些日龄较大的鹅，常发生霉菌性眼炎，其特征是眼睑黏合而失明，当眼分泌物积聚多时，使眼睑发胀。

【病理变化】本病的病变主要表现为肺和气囊的炎症，有时在鼻腔、喉部、气管和支气管也发生炎症。典型的病例在肺脏和气囊可见针尖大到粟粒大的呈灰白色或黄白色的结节，有时结节可以互相融合成大的团块。结节质软，富有弹性或如软骨状，切面中心呈均质干酪样的坏死组织，周围的充血区不整齐。有些急性病例，肺部出现局灶性或弥漫性肺炎，肺组织肝变，部分肺泡气肿。上呼吸道有损害时，有淡黄色或淡灰色渗出物。有时在胸膜、腹膜、肝表面、肠浆膜上也有肉眼可见到的成团霉菌斑。

脑炎性霉曲病，可见一侧或双侧大脑半球坏死，组织软化。呈淡黄或淡棕色。

【诊断】根据症状、流行病学情况、剖检病变及了解有无发霉的垫料和饲料可作出初步诊断。确诊需查到霉菌，取病变结节或病斑，显微镜下看到菌丝或培养出丝绒状菌落。

【治疗方法】

（1）本病无特效治疗药物，制霉菌素用量为每100只雏禽用50万单位（1片），混饲内服，连用3天，停药2天，连续2～3个疗程，同时，以1：3000的硫酸铜溶液饮水，连用3～5天。

（2）饲料中添加制霉菌素，按每千克加入50万单位，健雏减半，连用5天。

（3）碘制剂用量为每升水中加入碘化钾5～10克，给雏饮用。

【预防措施】

（1）育鹅雏时，要重点解决好温度与通风，干燥与湿度的矛盾。既要保证育雏需要的温度，又要保持空气新鲜，既要保证合适的相对湿度，又要使鹅舍保持相对清洁干燥。

（2）平时特别是霉菌病好发季节，要注意对垫草和室内环境进行定期消毒以杀灭霉菌及其孢子。垫草消毒可用2%甲酚皂、1：2000硫酸铜溶液或1：1600的百毒杀等喷雾散，维持3小时之后晒干备用。其中，以1：2000硫酸铜溶液为好，高效低毒。室内环境定期消毒可用1：2000硫酸铜溶液，或用1：1600的百毒杀喷雾，或用福尔马林熏蒸。保持鹅舍的清洁卫生，通风干燥。垫料要经常翻晒，发现发霉时，育雏室应彻底清扫、消毒，然后再换上干净的垫草。

10.球虫病

鹅球虫病是危害垫料养殖幼鹅的一种寄生虫病。

【发病特点】主要发生于垫料养殖的幼鹅，发病日龄愈小，死亡率愈高，能耐过的病鹅往往发育不良、生长受阻，对养鹅业危害极大。

已报道的鹅球虫有15种，寄生于鹅肾脏的截形艾美耳球虫致病力最强，常呈急性经过，死亡率较高。而其余14种球虫均寄生于鹅的肠道，其中以鹅艾美耳球虫致病性最强，可引起严重发病。国内暴发的鹅球虫病是肠道球虫病。常引起血性肠炎，导致雏鹅大批死亡，多是以鹅艾美耳球虫为主，由数种肠球虫混合感染致病。

本病的发生与季节有一定的关系，鹅肠球虫病大多发生在5～8月份的温暖潮湿的多雨季节。不同日龄的鹅均可发生感染，日龄较大鹅感染，常呈慢性或良性经过，成为带虫者和传染源。

【临床症状】患肾球虫病幼鹅，表现为精神不振、极度衰弱、消瘦、反应迟钝，眼球下陷，翅膀下垂、食欲不振或废绝、腹泻，粪便呈稀白色，常衰竭而死。

患肠球虫病的幼鹅精神委顿、缩头垂翅、食欲减少或废绝、喜卧、不愿活动、常落群、渴欲增强、饮水后频频甩头、腹泻、排棕色、红色或暗红色带有黏液的稀粪，有的患鹅粪便全为血凝块，肛门周围的羽毛沾污红色或棕色排泄物，常在发病后1～2天内死亡。

【病理变化】肾球虫引起的病变，主要在肾脏，可见肾脏肿大，呈淡灰黑色或红色，表面有出血斑和针尖大小的灰白色病灶和条纹，肾小管充满尿酸盐的球虫卵囊。

患肠球虫的病死鹅可见小肠肠管明显增粗，小肠黏膜点状或弥漫性出血，肠腔充满红褐色液体及脱落的肠黏膜碎片，肠黏膜粗糙。病程稍长的病死鹅，可见肠道黏膜有红白相间的出血小点和坏死小点。肝脏常肿大，有的色深，胆囊充盈，有的胰腺亦肿大、充血、腔上囊水肿、黏膜充血。

【诊断】鹅的带虫现象极为普遍，所以不能仅根据粪便中有无卵囊作出诊断，应根据临诊症状、流行病学资料和病理变化，结合病原检查综合判断。

【治疗方法】在球虫病流行季节，当地面垫料饲养达到12日龄的雏鹅，可将下列药物的任何一种混于饲料中喂服，均有良效。

（1）磺胺间六甲氧嘧啶（SMM）：按0.1%混于饲料中，

或复方磺胺间六甲氧嘧啶（SMM+TMP，以 5 : 1 比例）按 0.02% ～ 0.04% 混于饲料中，连喂 5 天，停 3 天，再喂 5 天。

（2）磺胺甲基异噁唑（SMZ）：按 0.1% 混于饲料，或复方磺胺甲基异噁唑(SMZ+TMP,以 5 : 1 比例)按0.02% ～ 0.04% 混于饲料中，连喂 7 天，停 3 天，再喂 3 天。

（3）氯苯胍，按每 100 千克饲料拌 4 克的用量，连用 5 天，停药 3 ～ 4 天，再进行一个疗程。可同时在饲料中拌入酵母、鱼肝油和多维等作为辅助治疗。

（4）呋喃唑酮：按 0.02% ～ 0.04% 比例均匀拌饲料饲喂，连用 5 ～ 7 天。

（5）可爱丹或克球灵：按 0.02% ～ 0.04% 比例均匀拌饲料饲喂。

（6)5% 球安：按每千克饲料均匀拌 0.15 ～ 0.25 克的用量，连用 3 天。

（7）杀球净：饮水，每包 50 千克，加水 50 千克，自由饮用，也可拌入饲料，每包拌饲料 40 千克饲喂。

【预防措施】

（1）预防鹅球虫病的可靠办法是搞好鹅的粪便处理和鹅舍的环境卫生。应加强饲养管理，及时清除粪便，更换垫料，保持鹅舍清洁卫生、干燥。粪便要用生物热发酵消毒，以杀灭粪便中的球虫卵囊。在球虫病高发季节，还可以在饲料中加入抗球虫药物进行预防。

（2）对球虫病感染鹅群，应及时隔离病鹅，对鹅舍和用具等进行彻底消毒，并及时使用抗球虫药物进行治疗。对病情严重的鹅群还应采取一些必要的辅助治疗措施，如喂服维生素 K 止血，使用抗生素防止继发感染等。

（3）药物除虫

①氯苯胍：按30×10^{-6}混入饲料中服用，连用4～6天，可以预防本病暴发。

②球虫净或球痢灵：均按125×10^{-6}浓度混入饲料，连续用药30～45天。

③磺胺间甲氧嘧啶：0.1%，或0.02%复方新诺明混入饲料，连用4～5天。

（4）应注意的是，球虫对抗球虫容易产生抗药性，在同一养殖场，最好要经常改变药物种类，不要长期使用同一种抗球虫药，特别是当发现治疗效果下降时应及时更换。

11.鹅痘

鹅痘是禽痘的一种，具有较高度传染性，通常发生在喙和皮肤，间或同时发生。

【发病特点】鹅虽然可发生痘病，但一般并没有鸡发生鸡痘那么严重。鹅痘一年四季都能发生，尤其多流行于秋冬季节。鹅痘的传染途径，主要是通过皮肤或黏膜受损伤口侵入体内。蚊子（库蚊属和伊蚊属）能传带病毒。因此，夏、秋季由于蚊子较多，往往可成为鹅痘流行的一个重要传染媒介，此时发病的鹅只以种鹅为主，也有部分"反季节"的早鹅。蚊子吸吮过病鹅的血液可以带毒10～30天。

【临床症状】患鹅病初在髯、喙和腿部皮肤出现小的白色水疱，逐步增大形成灰白色或黄褐色的小结节（疣状的丘疹），或与邻近的结节互相融合，形成干燥、粗糙、呈棕褐色的大结痂，并突出在皮肤表面或喙上。把痂剥去，露出一个出血病灶。若经过良好，3～4周后，痂自然脱落而自愈，遗留下一个平滑浅色痘痕。结痂数量有多有少。患鹅症状一般比较轻微，没有全身症状。如果结痂数量多，布满头部无毛部分和喙等处，甚至在影响食料的情况下，病鹅出现精神沉郁，食欲减少或停止食料和饮水，体重减轻，最后因体弱衰竭而告终。

【病理变化】在没有其他细菌并发感染的情况下，患鹅除喙和腿部皮肤呈典型痘病变外，其他器官无肉眼可见的变化。

【诊断】根据发病特点和临床症状即可进行诊断。随着规模化养鹅的发展，鹅痘可能会引起流行，因此实验室诊断显得十分重要。

【治疗方法】口服土霉素，用0.5%（饲料含量）土霉素拌料喂3天。也可以试用抗病毒药。

患鹅痘斑不多时，一般不需进行治疗，让其自然康复。如果痘斑多，且妨碍其视力或食料时，可以进行外科处理。将洁净的镊子，小心剥离痘斑或把痘斑用剪刀剪去。然后涂擦5%碘酊，有一定效果。剪下的痘斑含有大量痘病毒，应集中起来进行烧毁。

【预防措施】由于鹅较少发生鹅痘，当只有极少数鹅只发病时，应立即隔离饲养或淘汰。

倘若在鹅痘流行的疫区，可以试用鸡痘弱毒活疫苗进行免疫接种。并加强鹅群的卫生管理，能有效地预防本病的流行和发生。免疫程序和接种方法是在雏鹅1周龄内（最好是1日龄）进行首免，在鹅翅内侧薄膜无血管处刺种1～2次，经4～6天，刺种部位出现"痘疹"，表示刺种成功。检查20～50只鹅，如果发现多数刺种部位不发生反应时，应考虑重新刺种。种鹅可在首免后3～4个月进行二免。

12.亚硝酸盐中毒

鹅亚硝酸盐中毒是指采食了含有多量硝酸盐或亚硝酸盐的饲料而引起的一种高铁血红蛋白症。

【发病特点】鹅发生亚硝酸盐中毒与用青绿饲料喂鹅有关，因青绿饲料中含有较多的硝酸盐（尤其是使用化肥的饲料），当青绿饲料在饲喂前保管不当，堆压发热、腐败变质，使得其中的硝酸盐分解为亚硝酸盐，即可引起中毒。

【临床症状】本病多呈急性发作，患鹅食欲废绝，精神不安，步态不稳，腹部膨胀，两翅下垂，喜卧，口中流出淡黄色涎水；粪便呈淡绿色，稀薄恶臭，口腔黏膜、眼结膜、嘴角的上部皮肤和胸、腹部皮肤发绀，程度不一；嘴和脚冷厥；伸颈张口，呼吸急促，心跳加快，不断抽搐痉挛，最后衰竭而死。程度较轻的，仅有消化机能紊乱、肌肉无力等症状，多自行恢复。

【病理变化】病死鹅全身发暗，血液凝固不良，呈酱油色；胃肠道黏膜充血，黏膜易脱落，表面有较多的黏液；肝、脾淤血，轻度肿胀，暗红色；心脏、肾脏、肺等器官组织均呈不同程度的充血和淤血。

【诊断】根据调查，鹅是否采食过堆放变质或经煮后加盖闷放过夜的青饲料而迅速发病。流涎，呼吸困难，死后剖检血液呈酱油色并凝固不良，据此即可做出初步诊断。确诊需取饲料做实验诊断。

【治疗方法】对中毒鹅,应立即静脉注射1%美蓝溶液（每千克体重0.5毫升），并配合注射25%葡萄糖溶液及维生素C注射液；或肌肉注射1%美蓝溶液（每千克体重1毫升），同时每只鹅口服维生素C1片。第二天根据情况，可再使用一次美蓝溶液治疗。鹅群可用5%葡萄糖饮水，连饮3～5天，并迅速更换饲料。

【预防措施】应加强饲养管理，不喂腐败变质、堆压发热的青绿饲料，青饲料收获前不要大量使用氮肥。

13.黄曲霉毒素中毒

鹅黄曲霉毒素中毒是指因采食了含黄曲霉毒素的饲料后所发生的一种急性或亚急性中毒性疾病。

【发病特点】采食了含黄曲霉毒素的饲料后大群发病。

【临床症状】雏鹅多表现为急性中毒，有的无明显症状而突然死亡。病情稍缓的可表现为食欲下降或废食，脱毛，鸣叫，步态不稳、跛行，腿和脚部皮下出血，呈紫红色，数日内可死亡，死前多有角弓反张症状。

【病理变化】急性死亡的可见肝脏肿大、色泽苍白或变淡、有出血斑点或坏死灶，胆囊扩张，肾苍白稍肿，胰腺有出血点，胸部皮下和肌肉常见有出血斑点。

亚急性或慢性死亡的主要可见有肝硬化，肝颜色变黄、质地坚硬但脆、表面常见有米粒至黄豆大增生或坏死结节，心包、腹腔常有积水，卵黄破裂，卵子变质，输卵管充血、出血，脚爪皮肤有的可见有出血点，有的病例肝可发生癌变。

【诊断】主要根据采食霉变饲料的病史，死亡率高但无传染性，结合肝病变及全身浆膜出血可初步诊断。确诊需做霉菌毒素实验室鉴定和可疑饲料生物试验。

【治疗方法】一旦发病，应立即更换饲料。本病无特效治疗药物，一般只能采取保肝、止血、促毒物排泄（盐类泻药）等支持疗法。

【预防措施】应加强饲料的保管，防止霉变。对已霉变但不严重的饲料，最好不用。

14.鹅高锰酸钾中毒

高锰酸钾是一种常用的消毒药，中毒的原因主要是使用浓度过高所致。

【发病特点】不洁饮用水可用0.01%～0.02%高锰酸钾消毒，但当其浓度达到0.03%以上时，对消化道黏膜就有一定的刺激性和腐蚀性，浓度达0.1%以上就会引起中毒。

【临床症状】高锰酸钾引起的中毒，主要是剧烈的腐蚀作用，使口腔、舌、咽黏膜变为紫红色，并出现水肿。食欲降低呼吸困难，有时发生腹泻。严重中毒的鹅常在2天内死亡。

【病理变化】可见整个消化道黏膜都有腐蚀性病变，特别是食道膨大部黏膜受损严重，出现大部分黏膜充血和出血。严重时食道膨大部黏膜变黑，且大部分脱落。

【诊断】主要根据服药史，结合病理剖检可诊断。

【治疗方法】一旦中毒，可喂给大量清水，也可应用3%双氧水10毫升，加100毫升清水稀释后冲洗食道膨大部。或先喂给牛奶、奶粉，再内服硫酸镁、鸡蛋清及油类泻剂等。若治疗及时，一般经3～5天可逐渐康复。

【预防措施】平时应用高锰酸钾时，配制溶液浓度要准确，不可过高。在消毒饮水时一定要待充分溶解后再让鹅饮用。消化道消毒浓度不能超过0.02%。

15.食盐中毒

食盐（氯化钠）是动物钠离子和氯离子的主要来源，它们对机体内环境的稳定和细胞兴奋性的维持等方面起重大作用，同时可增进食欲、促进消化功能。

【发病特点】家禽饲料中食盐的含量以0.3%～0.5%为适宜。尽管鹅对食盐的敏感性没有鸭高，但当饲料中食盐的含量超过3%或每千克体重一次食入1.5～2克食盐时即可能引起中毒，严重的还可能发生死亡。鹅食盐中毒的发生主要与下列因素有关。

（1）饲料中，食盐的含量过高或颗粒过大，拌料不均匀。除意外疏忽外，一般按配方配制的鹅的饲料中不至于会加入过多的食盐。可能的原因是没有考虑原料特别是鱼粉中含的氯化钠，还有就是所用食盐颗粒太大，临床上报道的中毒多数是因这两个原因引起的。

（2）长期缺盐的鹅，如突然补盐或饮含盐饮水不加限制，由于耐受性差，可引起中毒。一般来说，饮水中含有的盐比饲料中的更易引起中毒。饮水中食盐含量超过0.54%时，即有可能造成鹅发生食盐中毒。

（3）不限制饮水，食盐中毒一般不会发生，饮水不足是食盐中毒的重要条件。

（4）饲料中维生素E、含硫氨基酸、钙和镁等不足可增强鹅对食盐的敏感性。

【临床症状】病鹅初期表现为烦躁不安，鸣叫，盲目冲撞，想饮水，但嘴到水边又避开，食欲减退或废绝。从鼻孔中流出水样鼻涕。粪便呈水样，其中有少量白色或绿色块状物。体温41.5～42℃。继而精神沉郁，有时突然倒地挣扎，呈阵发性惊厥状，不发作时两脚无力，腿麻痹；发作时两翅向左右侧铺开，并不断拍打，抽搐，肌肉震颤，约1分钟又恢复原状。此时体温可达42.5℃，严重的病例呈现运动失调，卧地不起，头作无意识的左右摇摆运动，最后虚脱死亡。病程为1～3天，雏鹅死亡很快。

【病理变化】主要病变为眼结膜充血、出血，瞬膜水肿。切开头部及腹部皮肤，可见皮下呈胶冻状水肿；食管中有大量黏液，倒挂时从口腔流出，肺水肿；腹腔中充满淡黄色腹水，心包积液，心外膜有斑状或点状出血，心冠脂肪水肿；腺胃、肌胃黏膜充血及出血，肌胃角质层溃烂，容易剥离；小肠黏膜严重充血，大肠膨大，其中有淡红色液状内容物；肝脏略肿大、色淡；肾充血、肿胀，肾及输尿管有尿酸盐沉积；脑血管怒张，有小点状出血，小脑水肿。

【诊断】对可疑饲料、饮水或胃内容物进行氯化钠含量测定；也可以测定患鹅血浆和脑积液中的钠离子浓度。

【治疗方法】发现鹅群中毒应立即停喂含盐饲料，不表现神经症状的应立即喂给大量淡水，也可在水中加5%的葡萄糖，并加入适当的氯化钙或葡萄糖酸钙，加喂大量青绿易消化饲料；对处中毒后期、神经症状明显的要控制饮水，可静注葡萄糖（10%）和钙制剂，尽量减少刺激。增加饲料中多种维生素和蛋氨酸的含量。

【预防措施】食盐补饲量应严格按要求执行，并应充分考虑到饲料原料本身所含的食盐量（尤喂咸鱼粉时），使用的食盐颗粒应细小，拌料一定要均匀，及时清扫料槽底部沉积的食盐颗粒，并保证有充足的饮水供应。

16.鹅中暑

中暑是动物热射病和日射病总称，鹅的中暑则又称热衰竭症。

【发病特点】鹅缺乏汗腺，其散热只能靠张口呼吸和两翅放松实现，再加上其羽毛致密，因此对高温、高湿特别敏感，易发生中暑，雏鹅更易发生。

热射病主要发生在炎热的夏季，鹅舍因缺乏通风降温设施，通风不良，密度过大，长途驱赶，再加上饮水不足等情况下，极易发生中暑。另外，育雏期雏舍加温过高也可能导致中暑发生。它们的结果是使得禽体内积热过多，引起新陈代谢旺盛，电解质失衡，酸中毒，中枢神经功能紊乱。

【临床症状】热射病鹅常有张口呼吸，呼吸迫促，翅膀松展，体温升高，口渴，卧地不起，昏迷，惊厥等症状表现，可引起死亡。

日射病鹅临床表现以神经症状为主，病禽烦躁不安、痉挛、颤抖，有的乱蹦乱跳、打滚，体温升高，最后昏迷、死亡。

【诊断】根据天气、气温及临床症状即可诊断。

【治疗方法】发生中暑后，应立即将鹅群转移到有阴凉的通风处。舍饲的应加强舍内通风，地面放冰块或泼深井水降温，并向鹅体表洒水。可给鹅服十滴水（稀释 5 ～ 10 倍，鹅 1 毫升）或仁丹丸（每只 1 颗），也可用白头翁 50 克、绿豆 25 克、甘草 25 克、红糖 100 克煮水喂服或拌料饲喂 100 雏（成禽加倍）。有明显神经症状的，可用 2.5% 氯丙嗪 0.5 ～ 1.0 毫升肌注或口服三溴合剂（每次 1 克）镇静。

【预防措施】在高温季节，应保持环境的通风良好，降低饲养密度，保证饮水充足。鹅舍温度过高时可使用电风扇扇风，向鹅体羽毛和地面洒水以降温。

第六章　肉用鹅的出栏

肉用鹅60日龄前生长发育比较快，绝对增重高，60日龄后随着日龄的增加日增重下降，耗料与成本增加。因此，养至60日龄左右，大型鹅体重达3～4千克以上，中小型鹅体重达2.5～3.5千克以上时及时联系公司或上市出栏。

第一节　出栏与屠宰

一、活体出栏

肉用鹅出栏采用全进全出制，就是在同一栋鹅舍同一时间只饲养同一日龄的肉用鹅，全部雏鹅在同一天出场。

1.出栏时间的确定

肉用鹅适宜的上市日龄除了考虑鹅的生长速度和市场价格外，还应考虑肉用鹅的肥度、羽毛生长情况及饲料情况等。

（1）肉用鹅的肥度：经育肥的仔鹅，体躯呈方形，羽毛丰满，整齐光亮，后腹下垂，胸肌丰满，颈粗圆形。根据翼下体躯两侧的皮下脂肪，可把肥育膘情分为三个等级：

①上等肥度鹅：皮下摸到较大结实、富有弹性的脂肪块；遍体皮下脂肪增厚，摸不到肋骨；尾椎部丰满；胸肌饱满突出胸骨嵴，从胸部到尾部上下几乎一般粗；羽根呈透明状。

②中等肥度鹅：皮下摸到板栗大小的稀松小团块。

③下等肥度鹅：皮下脂肪增厚，皮肤可以滑动。

（2）羽毛生长情况：正常饲养管理条件下，鹅的羽毛生长有一定的规律。刚出壳时，雏鹅全身覆盖黄色的绒毛；5～15日龄绒毛由黄变白；25～30日龄，绒毛全部变白；35～40日龄，尾部、体侧、翼腹开始长大毛；50日龄，头面部已长好羽毛；50～55日龄，翅膀长出锯齿状羽管；55～60日龄，背部前后羽毛已经长齐，因此快速育肥的鹅要在60日龄左右屠宰。因为75日龄后，又开始形成新羽，整个胴体上被覆一层血管毛和绒毛。如仔鹅此时不屠宰，就须养到120～130日龄，新羽完全停止生长时屠宰。但这时鹅已基本停止生长，经济上是不合算的。

（3）饲料情况：如果鹅苗价格高，饲料价格低，毛鹅价格高，而且鹅群健康，应适当延长几天出栏。因为这样饲养期延长，体重增加，每千克体重分摊的苗鹅费用会减少，从而会降低生产成本。另一方面，虽然生长后期料肉比增高，但鹅的绝对增重量增多，如果饲料与毛鹅价格比合适，这样推迟出栏是划算的。反之，则应早些出栏。但需说明一点，生长期延长，料肉比会增加，所以近年来总的趋势是饲养期缩短，出栏日龄提前，一般在55～65日龄左右出栏均可，何时经济效益好何时出栏。

行情相对稳定，体重大一些利润就高些。当然，肉用鹅体重不可能无限地增大，当大型鹅体重达3～4千克以上、中小型鹅体重达2.5～3.5千克以上时，其消耗饲料量加大，料肉比也加大，越来越不划算。特别是行情不稳，或长时间高价位、随时有下跌可能时，不用顾及体重，利益第一，能出手时就出手。

在肉用鹅上市前7天要停止向饲料和饮水中添加药物，以防止屠宰后鹅肉有药物残留，有害人体健康。如果是自配饲料，这时应不用动物性饲料如鱼粉等，以免鹅肉有异味，降低鹅肉品质。

2.抓鹅

（1）抓鹅前4～6小时停止饲喂，但不能停止供水。

（2）关闭大多数电灯，使舍内光线变暗，在抓鹅过程中要启动风扇以排出抓鹅时扬起的灰尘等。

（3）抓鹅前将所有的饲喂设备升高或移走，避免捕捉过程中损伤鹅体或损坏设备。

（4）抓鹅时尽量保持安静，以免鹅群惊动造成挤压。

（5）抓鹅时抓鹅的颈部，一手一只，不得抓翅膀和其他部位，以防骨折，出现红翅。

3.装鹅

肉用鹅采用笼具运输，运鹅的笼底部最好垫些柔软的物品，如稻草等，以防擦伤胸部皮肤，影响加工后屠体的等级。装笼时应视笼具大小或季节气候来确定每一笼装入的活鹅只数，一般冬季可多装些，炎热夏季少装些，以防止闷热造成死鹅。

装车时在两层笼间铺一层麻袋，防止上层粪便落到下层鹅身上，最上层用麻袋罩好，以免光线太强，引起鹅兴奋。

4.运输

夏天运输要在早晚进行，中途严禁长时间停留，运输的车辆要敞开车篷。车厢内要留有间隙通风散热，以免鹅被暑热闷死。到目的地后，立即卸车，休息片刻后再给鹅群供水。

二、屠宰加工

为了增加产品附加值，专业户饲养模式的可以自行屠宰加工。自行屠宰只要不是临时性的屠宰场，就应具备一些设备，如供水和排水系统，供热水锅炉；屠宰架、接血槽(盆)、浸烫的水池(或锅等)；冷库。如果是机械化屠宰厂，应有悬挂输链、浸泡设备、脱羽机、蜡脱羽设备等。

（一）屠宰前的准备

1.确定屠宰计划

要了解鹅只出栏数量，考虑自身的屠宰加工能力及运输能力，调研和预测加工后各类原料产品销售市场、产品流向及价格。依据这些因素确定屠宰数量和收购、屠宰的进度。

2.设备和用具准备

屠宰加工前要维修和完善加工设备和用具。如人工屠宰加工应将屠宰场地、设备及用具准备齐全。如用机械化或半机械化屠宰加工，应检修设备，配齐零部件，并试车运行，达到正常状态。此外还应准备圈鹅场地和运输、动力的准备等。

3.各类产品包装用品及存放场地的准备

屠宰加工的过程是分别采集各类产品的过程，因此对每类产品的包装用品应有足够的准备，并要确定存放场地。每类产品需用什么包装、需用多少、场地大小，要根据屠宰规

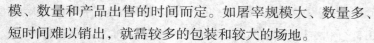

模、数量和产品出售的时间而定。如屠宰规模大、数量多、短时间难以销出，就需较多的包装和较大的场地。

4.人员准备

屠宰加工生产环节较多，各环节均需事先配备专人，并要进行上岗前的技术培训，使每个生产工作人员均要懂得自己工作岗位的技术要求和质量要求，以便在整个生产过程中，减少浪费，降低成本，提高产品质量和经济效益。

5.宰前检验

对成群的活鹅，一般是施行大群观察后再逐只进行检查。利用看、触、听、嗅等方法进行检验，根据精神状态，有无缩颈垂翅、羽毛松乱，闭目独立，发呆和呼吸困难或急促，有无怪叫声等异常表现，来确定鹅的健康情况，发现病鹅或可疑患有传染疾病的应单独急宰，依据宰后检验结果，分别处理。对被传染病污染的场地、设备、用具等要施行清扫、洗刷和消毒。不允许宰杀的病鹅，应及时作焚烧或深埋处理。

6.宰前休息

活鹅在宰杀前，应当给予12～24小时的休息，以消除疲劳，有利于宰杀时充分放血，降低肌肉中的乳酸含量，保证肉品质量。候宰的场地应保持空气流通和环境安静，在管理中应避免剧烈运动、过度拥挤、恐吓、抽打，防止滑跌、挤压、啄斗，以保证休息，提高胴体品质。

7.宰前停食

活鹅宰杀前应停食12～14小时。停食能促进粪便排出，减少胃肠内容物，屠宰后便于拉肠。暂时的饥饿可促进体内的一部分蛋白质分解为氨基酸，使肉嫩多汁，肝脏中的糖原分解成乳糖及葡萄糖，分布于全身肌肉中，糖原的分解代谢，有利于肉的成熟，改善风味。停食期间，每隔3小时扫除一次粪便，并缓缓哄赶鹅群，促进鹅只排泄。

在停食期间必须给鹅充分的饮水，有利于宰杀时充分放血，降低肌肉中的乳酸含量，保证肉品质量，因此水槽的长度或水盘的数量要充足，防止抢着饮水而引起挤压。宰杀前3小时要停止饮水，以免肠胃内含水过多。

8.清洗

鹅在宰杀前要进行淋浴或水浴。其目的是清洁鹅体，改善操作卫生条件，以保持宰后的鹅体清洁，避免污染，同时还可以使鹅精神舒畅，促进血液循环，放血干净，提高肉品质量，延长肉品的保存时间。一般可以用橡皮管接在自来水管上对鹅体进行喷淋，也可以在通道上设置数排淋浴喷头，在鹅经过时完成淋浴。赶鹅时要避免用竹竿或绳鞭抽打，防止鹅跌倒、滑、摔、压、挤和相互啄伤而引起伤痕和淤血，在加工后出次品。

9.拔羽绒

（1）拔绒场地的准备：拔绒场地必须背风，以免拔下的羽绒四处飞散，最好在无杂物、地面平坦、干净（最好是水泥地面）的室内进行，且在拔羽过程中将门窗关严，以免羽绒被风吹走和到处飞扬。若为非水泥地面可在地面上铺一层干净的塑料布。

（2）用品的准备：主要是准备装羽绒的用具，如塑料袋、干净光滑的木桶、木箱、纸箱或布袋等。另外，就是操作人员所用的用具如坐的凳子、帽子、围裙、口罩，放鹅体的平台或桌子、52度白酒等。

（3）拔羽绒的操作方法

①活拔羽绒的部位：活拔绒主要是拔取绒羽。绒羽着生在正羽的内层，因此，拔取绒羽先要拔取覆盖绒羽的正羽（或者同时拔取，但售价低），才能达到拔取绒羽的目的。依据这些条件，应选择有利部位拔取羽绒。实践表明，生长在不同部位的鹅毛，其价值也不同。活拔的鹅毛绒，需要的是含"绒子"量高的羽绒和长度在6厘米以下的"毛片"。所以拔绒的主要部位应集中在胸部、腹部、体侧和尾根等，"绒子"含量较高之处。当然颈下部的羽毛也可以拔取；背部的羽毛同样可用，但"绒子"含量较低。因此在国外活拔鹅毛仅限于颈下、胸部、腹部、体侧、腿侧和尾根部等羽绒丰盛之处。目前有人提出除掉拔上述部位外，再拔鹅翅膀上的羽毛和尾部的尾羽。这类羽毛主要是一些"翅梗毛"（大硬梗），羽片硬直，羽轴粗壮，轴管长大，不能用作羽绒被服的填充料，但可用于羽毛球和羽毛扇的原料。

②拔绒鹅的保定：首先是把鹅体保定好，使鹅不能挣扎，便于操作人员工作。保定鹅只要根据操作人员的工作方便而定，一定要做到既不要拔破鹅体皮肤，又要使操作者操作方便。保定主要有以下几种方法：

Ⅰ.双腿保定：操作者坐在凳子上，用绳捆住鹅的双脚，将鹅头朝操作者，背置于操作者腿上，用双腿夹住鹅只，然后开始拔毛。此法容易掌握，较为常用。

Ⅱ.半站立式保定：操作者坐在凳子上，用手抓住鹅颈上部，使鹅呈站立姿势，用双脚踩在鹅只两脚的趾和蹼上面（也可踩鹅的两翅），使鹅体向操作者前倾，然后开始拔毛。此法比较省力、安全。

Ⅲ.卧地式保定：操作者坐在凳子上，右手抓鹅颈，左手抓住鹅的两腿，将鹅伏着横放在操作者前的地面上，左脚踩在鹅颈肩交界处，然后拔绒。此法保定牢靠，但掌握不好，易使鹅受伤。

③羽绒的拔取：一种是片羽和绒羽一起拔，混在一起出售，这种方法虽然简单易行，但出售羽绒时，不能正确测定含绒量，会降低售价，影响到经济效益，一种是先拔羽片，后拔绒羽，有利于包装、加工和出售，片羽价低，绒羽价高，能增加经济收入。但鹅身上的绒羽和片羽是间杂着生长的，分别拔取比较费功夫，一般先混合拔取，拔后再进行分离。

Ⅰ.拔羽的基本要领：腹朝上，拔胸腹，指捏根，用力均，可顺逆，忌垂直，要耐心，少而快，按顺序，拔干净。

Ⅱ.拔羽方向：顺拔和逆拔均可，一般来说应以顺拔为主，因为鹅的羽片多倾斜生长，顺拔不会损伤毛囊组织，有利于保护皮肤。

Ⅲ.拔羽的顺序：颈膨大部、胸部、腹部、两肋、肩部和背部。

先从颈膨大部开始，按顺序由左到右，用拇指、食指和中指捏住2～4根羽绒根部，一排挨一排，一小撮一小撮地拔。每次拔羽不必太多，特别是初次拔羽的鹅，毛囊紧缩，一撮拔多了容易破皮。先拔片羽后拔绒羽时，应随手将片羽、绒羽分开放在固定的容器里，绒羽一定要轻轻放入准备好的布袋中，以免折断和飘飞。放满后要及时扎口，装袋要保持绒羽的自然弹性，不要揉搓，以免影响质量和售价。

在拔羽过程中，所拔部位的羽绒要尽可能连根拔净，要防止拔断而使羽干留在鹅皮肤内影响屠体质量，减少拔羽绒量，同时也避免将羽绒拔断成飞丝，降低绒羽质量，"飞丝"的含量超过10%则降低售价。若遇血管毛太多，应延缓拔羽，少量血管毛则避开不拔。拔羽发现羽根部带肉时应放慢拔羽速度，鹅体营养不良时大部分羽根带肉质，应暂停拔羽。先拔掉黑色或灰色等有色羽绒，予以剔除，再拔白色羽绒，以免混合后影响售价。拔羽时黑头单独存放，不能与白色羽绒混装，因黑头即是白色羽绒中的异色羽绒，白色羽绒内含黑头将大大降低羽绒质量和货价，白色羽绒中黑头不得超过2%。

在操作过程中，尽量不要拔破鹅的皮肤，如有拔破，要注意改进手法，尽量避免损伤鹅体。

10.羽绒的分离加工

（1）风选：将采集的羽绒蓬松清除杂物后分批倒入摇毛机内，由于片羽、绒羽、尘土、脚皮等比重不同分别落入承受箱内，然后分别收集整理各种类型羽绒。为了保证质量，应注意风速保持均匀一致，将选出的羽绒，进行检净处理。

（2）检净：将风选后的羽绒再一次捡去杂毛和毛梗，并抽样检查，看含灰量及含绒量是否符合规定标准。

（3）洗涤：在饲养过程中鹅羽绒若受到灰尘、油脂等污染，如有必要，应在初加工中用羽绒清洗剂洗涤羽绒，以除去油脂和灰尘，消除异味。羽绒主要成分是蛋白质，受酸、碱刺激易变性、变色，所以应用中性洗涤剂，水温为50～55℃，而且用专用的清洗机。

（4）脱水：即清除洗涤后羽绒中的水分，使羽绒变得干燥、蓬松，恢复原来应有的状态。先将羽绒放入甩干机中甩掉大量水分，然后在烘干机中烘干，烘干还能除味消毒。

11.鹅羽绒的质量检验

羽绒的质量检验是指用手、眼等感觉器官和仪器设备等来分析、判断、确定羽绒质量好坏的过程。了解和掌握羽绒的质量检验方法，对于采集羽绒、购销羽绒及羽绒加工均有重要的指导意义。

（1）绒子：绒子在羽绒质量检验中含意比较广泛，它包括朵绒、未成熟的朵绒、部分朵绒、毛型绒及飞丝。

①朵绒：朵绒在羽绒结构分类中称绒羽，朵绒实际上是指成熟的绒羽。着生在正羽内层，紧贴皮肤表面，是以羽轴极点放射形生出若干条羽枝。羽枝细软无羽小枝，拔下来形状似花朵，故在质检中称"朵绒"。

②未成熟的朵绒：未成熟的朵绒是指没有完全成熟的绒羽。其特征是绒羽中的若干条羽枝未完全长出来，羽枝没有从羽轴极点散开，而是被一层薄膜所束缚，看其形状上端已散开，下端有一小柄，呈伞状，故在质检中也称"伞状绒"。

③部分朵绒：部分朵绒是指成熟而不完整的朵绒。也有的是成熟的朵绒由于采集和加工时，完整朵绒受到破坏，成为不完整的朵绒。其特征与朵绒一样，就是从极点连结的羽枝少，连结三根以上的羽枝，才能称为"部分朵绒"。

④毛型绒：毛型绒在羽绒结构分类中属毛绒中的一种类型。其特征是羽轴短而柔软，并有较软的羽根，羽枝细密而柔软，羽枝上的羽小枝无钩，短而柔软，稍端丝状而零乱。在质检中，从其外形看，与部分羽绒相似，故称"毛型绒"，属绒子范畴。

另一种毛羽在质检中称绒型毛，其特征是有羽轴、羽根、羽枝和羽小枝，羽轴长而柔软，羽轴上的羽枝排列不规则且长，羽枝还生有不带钩的羽小枝。外形不规则，但柔软呈丝状，故称"绒型毛"。在质检中它不属绒子的范畴，而属毛片的范畴。

⑤绒丝：绒丝是朵绒或正羽中的后羽脱落下来的羽枝。其特征是单根羽枝独立存在，柔软较细。质检中也称"飞丝"。

（2）毛片：羽绒中的毛片，实际上是指羽绒结构分类中的正羽。但是，鹅体中的正羽不全是毛片，只有羽绒制品中能够直接利用的正羽才称"毛片"。鹅体中正羽形态结构复杂，形状大小、软硬、长短、宽窄、轻重随着生部位不同而有差异。

在羽绒质量检验中，将正羽分为毛片和薄片两大类。

①毛片：毛片是羽绒加工厂和羽绒制品厂能够利用的正羽。其特点是羽轴、羽片和羽根较柔软，两端相交不折断。正羽着生在胸、腹、肩、背、腿、肛门、颈侧等部位的为毛片。头颈部窄而长，毛身短略带尖形的正羽，质检时可用筛子筛下去的为杂质，筛上的为毛片。两翼正羽较复杂，较大的飞翔羽15厘米以下为毛片。翼肩外侧的正羽羽片呈弧形，根部略带羽枝，6厘米以下为毛片。肩内侧衬羽，羽轴挺直，羽面扁平，6厘米以下为毛片。尾部的正羽，10厘米以下的为毛片。

②薄片：羽绒加工厂和羽绒制品厂把不好利用或不能利用的正羽称"薄片"。鹅两翼着生的飞翔羽超过15厘米的为薄片。翼肩内外侧衬毛超过6厘米的为薄片。翼肩内外侧的一部分正羽，羽面小，一边宽一边窄，羽轴硬，一律作薄片。尾部超过10厘米的正羽为薄片。

215

③异色毛绒：异色毛、绒是指白色毛、绒以外的其他颜色的毛绒。

④杂质：杂质是指羽绒内含有的夹杂物。

⑤含绒率、含绒量：含绒率是指绒子在羽绒总量中所占的百分比。含绒量是指绒子在羽中的含量，经常用含绒率来表示。

⑥水分：水分是指羽绒在标准贮存条件下的湿基含水率，一般标准是13%，最高不得超过15%，超过这个范围就说明羽绒有水分。水分大小要经仪器测定。

⑦清洁度：清洁度是指羽绒清洁的程度，也有的称"透明度"。

⑧蓬松度：蓬松度是指羽绒蓬松的程度，即弹性强弱或伸张力大小的程度。

12.整理与包装

活拔羽绒质量比较高，杂质少，也比较干净，它的整理有利于提高产品规格和收益。

（1）绒羽的整理：绒羽实际上就是购销单位所谓的绒子或高绒。它的价格很贵，羽绒生产中的效益主要是由羽绒决定，因此，整理好绒羽是提高效益的主要手段。整理方法是平堆，就是将采集的羽绒混合掺匀，使含绒率达到基本一致。活拔羽绒无论是混合采集或是绒羽、正羽分别采集，均应进行平堆整理，使含绒率基本一致时，才能装入袋中贮存。包装时包装袋内层为较厚的塑料袋，外层为塑料编织袋或布袋。先将羽绒放入内层袋内，装满后扎紧内袋口，然后放入外层袋内，再用细绳扎紧外袋口。

（2）正羽的整理：正羽的形状大小不同，其用途也不同。

正羽的整理主要是按用途整理，如两翼的飞翔羽主要是做羽毛球和羽毛扇、羽毛画等，所以应将刀翎和其他大翅羽分别整理出来，分别包装贮存。总之，凡是有专门用途的正羽都应单独整理，其他正羽可混入一块儿，供羽绒厂加工使用。

13.鹅羽绒的贮存

（1）鹅羽绒的贮藏：拔下的鹅羽绒不能马上售出时，要暂时贮藏起来。由于鹅羽保温性能好，不易散失热量，如果贮存不当，容易发生结块、虫蛀、霉烂变质，影响毛的质量，降低售价。尤其是白鹅羽，一旦受潮，更易发热，使毛色变黄。因此，必须认真做好鹅羽绒的贮藏工作。

①防潮防霉：羽毛保温性能很强，受潮后不易散潮和散热，在贮藏或运输过程中，易受潮结块霉变，轻者有霉味，失去光泽，发乌、发黄。严重者羽枝脱落，羽轴糟朽，用手一捻就成粉末。特别是烫褪的湿毛，未经晾干或干湿程序不同的羽毛混装在一起，有的晾晒不匀或冰冻后未及时烘干，或存毛场潮湿，遮雨不严，遭受雨淋漏湿等，均易造成霉变。一定要及时晾晒，干透以后再装包存放。存放毛的库房，地面要用木杆垫起来，地面经常撒新鲜石灰，有助于吸水。羽绒袋的堆放要离开地面和墙壁30厘米左右，堆高离屋顶100厘米以上，堆与堆之间应有一定距离，以人能自由行走为宜。通风要良好，有助潮气排出。

②防热防虫：羽毛散热能力差，加上毛梗（羽轴）中含有血质、脂肪以及皮屑等，容易遭受虫蛀。常见的害虫有丝肉黑褐鲤节虫、麦标本虫、飞蛾虫等。它们在羽毛中繁殖快，危害大。可在包装袋上撒上杀虫药水。每到夏季，库房内要用敌敌畏蒸气杀灭害虫和飞蛾，每月熏一次。

③包装说明：包装袋上要注明品种、批号、等级及毛色，按规定进行堆放，防止标签脱掉或丢失，并定期检查，发现问题及时处理。

（2）检查：对贮存的羽绒应经常检查，特别是气温高时更应及时检查，看看是否受潮、发热、虫蛀、霉变，有无鼠害等，一旦发生这些危害，应及时采取措施，发现羽绒发热，应立即倒包、通风散热，受潮的要及时晾晒或烘干，发霉的要烘干，虫蛀的要杀虫。

（二）白条鹅屠宰工艺

专业户饲养模式自行屠宰加工多采用手工宰杀法，宰杀时要做到切割部位准确，血液要放净，鹅体不受损伤，外形整齐美观，保持肉品质量。

1.手工宰杀方法

一是颈部宰杀沥血法，二是口腔宰杀沥血法，三是颈静脉宰杀沥血法。这三种方法的主要区别是放血的方式方法不同，在实际应用中，要根据产品用途及便于操作人员操作而决定，不能强求化一。

（1）颈部宰杀沥血法：操作人员将活鹅保定好，用一只手握住鹅头后颈部，另一只手用快刀将鹅颈部两侧血管和气管割断（有的还割断食管），让血从割断的静脉血管中流出，沥血2～3分钟左右即死亡。这种方法死亡快，有时沥血不净，颈部不完整，刀口易污染，白条欠美观。

（2）口腔宰杀沥血法：又称舌根静脉放血法。操作人员将活鹅保定好，用双手将鹅嘴掰开，另一个人用剪刀将舌根两侧静脉剪断，使血流出，沥血3～4分钟即死。此法颈部完整美观，但操作难度大，有时沥血不净。

（3）颈侧静脉宰杀沥血法：操作人员将活鹅保定好，用一只手抓握头后颈部，两手配合摸准两侧静脉，用一只手固定住，并使静脉隆起，用另一只手将较粗的空心针头插入两侧静脉管内，使血液从空心针头流出，沥血4分钟左右即死。此法沥血干净，皮肤完整美观，内脏干净无淤血。

2.浸烫、拔毛

浸烫通常有两种操作方法。一种是分批浸烫，即在一只大缸或木桶中放入若干只，用木棒搅拌，到烫透后取出拔毛。另一种是逐只浸烫的方法，烫时提起鹅的两脚将倒挂的鹅体全身投入热水中，上下左右搅动十多次，使热水浸透毛孔。这样烫透2只，左右手各提1只，倒提两脚，浸入热水，一只稍稍拉动，即投入水中任其浸泡，一只要上下、左右搅动浸透，一面取出，一面从待烫的鹅中另提一只，按照上述方法，投入水中浸烫。

水温和浸烫时间一般视鹅的品种、日龄和季节进行控制。一般鹅因其羽毛较厚，其水温控制在65～68℃为宜。水温与品种、气温均有关，冬季气温低要比其他季节需用水温高些。总之，要严防水温过高烫熟皮肤，也防水温过低退不干净羽绒，影响胴体质量。浸烫时间一般为30秒至1分钟。一般采用温度计测量，有经验的操作者可抓住鹅的颈部，先把它的两脚浸入水中，再提起来看看，如果两爪伸直，脚上的外皮一拉就能脱开，说明温度恰到好处；如果两爪蜷曲，说明温度过高；两爪虽然不蜷曲，但脚上的外皮不易拉掉，则说明水温过低，需要及时调节，否则达不到浸烫的要求。

浸烫时一是要等鹅的呼吸完全停止，全身死透；二是要在鹅体的体温没有散失的情况下，投入浸烫。否则鹅体冷了，毛孔收缩，影响去毛。其次水温不能过高，时间不能太长，否则会把皮烫熟，造成肌蛋白凝固，皮的韧性小，推毛时容易破皮，并且脂肪溶解，从毛孔渗出，表皮呈暗灰色，带有油光，造成次品，如果浸烫温度过低，时间过短，烫得不透，就形成了"生烫"，拔毛也很困难，拔毛时也会破皮，造成次品。

3.屠体整理

宰后的鹅经过浸烫、拔毛以后，全身的羽毛已基本拔净，但仍残留有细小绒毛及血管毛等。所以要进一步整理，屠体整理工作主要是包括拔细毛和洗血喙等工作。

（1）手拔法：拔细毛亦称去小毛，手拔法一般采用浸水拔毛的方法。夏季用冷水，冬季宜用温水，水温一般控制在20℃左右为宜。不宜过高，以免影响鹅肉的质量，无论是夏季还是冬季，拔小毛都要注意保持盆内（或池内）水的清洁卫生，因此要经常更换拔细毛用的水。手拔时将鹅背部朝下，头向拔毛者，尾向外，一手托鹅浮在水面，一手持钳毛钳，从右胸开始顺序至右腹，右前尾再至右腿内侧，再从左胸至左腹，左前尾再至左腿内侧，从左肩至左上肩，从左翅背至左翅前，再至左下背，左腿外侧，至左后尾，从右肩至右上肩，右翅背至右翅前，再至右下背，右腿外侧至右后尾，嗉囊至颈背脊骨第二节处。

（2）松香油脂拔毛法

①配料：每50千克原料中，纯净精炼一级品松香89%，食油（豆油、花生油或炼过的猪油）11%。

②熬料：先将食油放入烧热的大铁锅内，将油炼除水分

后，逐渐将松香加进油锅内至全部熔化为液体为止，温度约为220℃左右。松香和食油熬好后冷却到150℃左右时，炉内以小火力保持150℃的均衡温度。

③浸松香脂和推剥：将残留较多细毛的鹅，一手抓住嘴，一手抓住脚，全身浸入松香油脂内2秒左右，立即提出放入冷水池中，冷却10～20秒，趁鹅体上松香尚未硬脆时，从锅中取出，进行推剥。此法可除去鹅身的细毛95%左右。

④整理：整理方法与手工拔毛方法相同，先将鹅身残留松香在水中洗干净，再用钳毛钳拔除残余细毛。将用过的松香进行回收。

（3）洗喙血：洗喙血亦称洗淤血，细毛拔净后，即浸入另一清水缸（桶或池）内洗去喙血。根据鹅的几种不同宰杀方法，一手握住头颈，另一手的中指用力将口腔、喉部或耳侧部的淤血挤出，再抓住鹅的头在水中上、下、左、右摆动，把血污洗净，同时顺势把鹅的嘴壳和舌衣拉去。

（4）清洗、检查：喙血洗净后即浸在清水缸（桶或池）内检查细毛是否拔净，如有未拔净的细毛应随即拔去，清洗干净后挂在特制的挂架上，准备拉肠。

4.开膛取内脏

开膛取内脏是分离胴体与内脏产品的过程，也是分别采集胴体与内脏各类产品的过程。

（1）开膛

①翼下开膛：是从右翅下缘樱桃肉（亦称胡桃肉）的边缘。用刀割开一个月牙形的口，刀口长度约6～7厘米即可。因为家禽的食道器官等偏向右方，就以从右翅开出刀口，操作比较方便。在开割时必须注意将右翅下缘内部的腱带（俗

称筋）割断，但不要割断肋骨，因为腱带有韧性，对肌肉起伸缩作用，如割不断，则肌肉仍很紧，刀口张不开，不便拉肠。如割断肋骨，骨上有尖刺，手指伸进拉肠时，容易刺破皮肤，也不利于操作。

②腹下开膛：用刀或剪刀从肛门正中外稍微切开，刀口一般长3厘米左右，便于食指和中指可以一并伸入拉肠。还有一部分鹅，按照加工鹅制品的要求，切开时刀口长一些，从肛门至胸骨尾端处沿正中剖开，约5～6厘米，除大拇指外，可以伸入四个手指取出内脏。

（2）拉肠：鹅在开膛后，拉肠或取出内脏有几种不同要求，一般常见的有以下三种。

①全净膛：所谓全净膛即指除肺、肾外将鹅的其余内脏全部拉出。通常翼下开膛的鹅，都是全净膛。一般是先将鹅体腹部翻转向上，右手控制鹅体，左手压住小腹，以小指、无名指、中指用力向上推挤，使内脏脱离尾部的油脂，便于取内脏，随即左手控制鹅体，右手中指和食指从翼下刀口处伸入，先用食指插入胸膛，抠住心脏拉出，接着用两指圈牢食管，同时将与肌胃周围相连的筋腱和薄膜划开，轻轻一拉，把内脏全部取出。对腹下开膛的鹅，一般是以右手的四个指头侧着伸入刀口，触到鹅的心脏，同时向上一转，把周围的薄膜划开，再手掌向上，四指抓牢心脏，把内脏全部拉出。

②半净膛：所谓半净膛即从肛门处拉肠子和胆囊，其他内脏仍留在鹅体内的操作方法。操作时，一般使鹅体仰卧，用左手控制鹅，以右手的食指和中指从肛门刀口处一并伸入腹腔。夹住肠壁与胆囊连接处的下端再向左弯转，抠牢肠管，将肠子连同胆囊一齐拉出。

对于鹅来说，由于其肠壁韧性大，胆囊的胆壁薄，拉肠时如用力过大，胆管容易破裂，因此手指伸入腹腔后，要先将胆囊从肝脏连接处拉开，连同肠子一起拉出。

注意拉肠时要防止拉断肠管和胆囊破裂。如因操作不慎拉断了肠管，要立即用清水冲洗干净，不致肠管胆汁留在腹内，以免污染鹅体，影响肉品质量。此外，开膛后的鹅体，在腹腔内仍可能遗留有残余的血污，因此要继续用清水冲洗，使鹅体内部保持干净，然后将鹅体中的积水沥尽，再用干净的毛巾擦拭，使不留血污。

③满膛：活鹅宰杀后也有不开膛、不拉肠的，称为"满膛"或"不净膛"，即全部内脏留在鹅体腔之中。一般宰杀去毛整理后的直接供应市场的鹅，有的就是"满膛"的。

（3）体腔及内脏的检验：体腔和内脏是通过看、触、嗅三种方法结合检验来判定肉质和内脏的好坏。

①看：是用肉眼观察肉体和内脏，如皮肤、肌肉、脂肪、骨骼及各器官的色泽、形状、光洁程度有无异常变化。

②触：是用手指触摸肌肉、内脏的硬度弹性以及内部有无结节等病灶。

③嗅：是用鼻闻肉质是否有酸败和其他特殊气味，也可取块肉样，放在装有清水的具盖容器内（烧杯或试管）加热，煮沸后嗅其气味进行判定。

白条鹅的体腔和内脏的检验，是以腹腔半净膛检验为主，拉肠后用开膛器由肛门插入体腔内，必要时可借助灯光，逐只检查体腔、肝、脾、卵巢、睾丸、体腔内膜、肾和胃肠等有无异常病理变化。开膛后的鹅，在体腔内常有遗留的血污，应在清水中漂洗，然后将体腔的积水沥尽再用干净的毛巾逐只抹擦，不留污秽，清除细毛，保持清洁卫生。

5.胴体整理

开膛取出内脏后的胴体，首先应放在清水中浸泡30分钟左右，去掉内膛血水，洗净内膛和体表，擦净皮膜，存放待用。

6.白条鹅的规格等级与冷藏

（1）白条鹅的质量等级标准：应是依据体表无羽毛，无擦伤破皮、污点和溢血，体腔以肥度和重量等结合起来划分等级。一级品肌肉发育良好，胸骨尖不显著，除腿翅外，厚度均匀，全身皮下脂肪丰满，重量达2.1千克以上；二级品肌肉发育完整，胸骨尖稍显著，除腿和肋部外，脂肪层布满全身，重量为1.6～2.1千克；三级品肌肉不很发达，胸骨尖显著，尾部有脂肪层，重量在1.6千克以下。

（2）白条鹅加工成冻鹅：目的是使其在低温条件下，抑制微生物和酶的活动。利用冷库低温保藏，保存量大，时间长，损失量小，并最大限度的保持原有的色泽、香味和营养成分。冻鹅的加工，一般对开膛、拉肠后的白条鹅，需在冷却间保持温度0～4℃，相对温度85%左右，1～2小时的预冷达到鹅体表面水分蒸发，形成一层干燥膜，防止微生物的侵入和繁殖，并有利于提高冻结效率和好的商品质量。在冷却期间一般是挂在吊钩上，往往易引起变形，应在冷却过程中进行一次整形，整形时要将两翅反折再将腿弯曲贴紧鹅体，双脚趾蹼分开贴平，使其保持外形丰满美观，然后装盘或装袋。装袋时，鹅的腹部朝上，背部向下，通常是每6只白条鹅装为一箱（袋）。

经过冷却的鹅肉要长期保藏或远途运输，必须加以冷冻，放入温度在-25℃以下，相对湿度为90%左右的速冻间，速冻不超过48小时。经测试肉温达到-15℃以下，才能防止肉质干枯和变黄的现象发生，保证肉的质量不受影响，在保管期内进行冷藏。

（三）分割肉的加工

屠宰工序全部结束后，若分割出售则进入分割工艺，下面主要介绍胴体分割及副产品加工。

1.鹅体分割要求

鹅肉的分割必须注意的是质量与效益的问题，在质量上分割鹅主要是将一只鹅按部位分割下来，如果不按照操作要求和工艺要求，就会影响产品规格、卫生以及产品质量。为了提高产品质量，达到最佳经济效益，必须做到以下几点：

（1）熟练掌握鹅分割的各道工序。

（2）下刀部位要准确，刀口要干净利索。

（3）按部位包装，份量准确。

（4）清洗干净，防止血污、粪污以及其他污染。

2.鹅肉的分割方法

我国对鹅胴体分割主要是按照分割后的加工顺序对肉用鹅胴体进行分割去骨，通常分为鹅头、鹅脖、鹅翅、鹅爪等。

在分割的过程中，分割加工用具、手、案板、案台等要严格按规定进行清洗消毒；同时要避免产品堆积；对于落地的半成品、成品必须经过严格的清洗消毒处理。整个分割车间的温度应保持在15℃以下。

（1）取爪：用尖刀分别在跗关节处取下左、右爪，要求刀口平直，整齐。

（2）取翅：用尖刀分别在肩关节处卸下左、右翅，要求刀口平直、整齐。

（3）取头：在下颌后环椎处，平直斩下鹅头，要求去除嘴角皮。

（4）取颈：在颈椎基部与肩的接合处平直斩下颈部，去掉皮下的食管、气管及颈胸处的淋巴结。

（5）取胸：在胸骨后端剑状软骨处下刀，沿着肋骨与胸骨的连接处，分别从左、右两侧使其分离，直到前方与喙骨分离，取下整个胸肌及胸骨。

（6）取腿：可在左侧腿与躯体的连接处用刀在髋关节处取下左腿，再用同样的方法取下右腿。

（7）修整：将分割好的鹅块进行修整，用干净的毛巾擦去血水，去掉碎骨，修净伤斑、结缔组织、杂质等。

3.整理加工

副产品加工主要是对掏出的心、肝、胗、肠等内脏及爪、舌等副产品按照加工要求，分别进行加工。

（1）鹅肉：鹅的分割包装，国内采用的主要是无毒的聚乙烯塑料薄膜制成的塑料袋，少数要求较高的，也有使用复合薄膜包装袋包装的，国外由于包装材料比较便宜，常采用复合薄膜进行包装。对于包装的要求，主要是对包装材料的有毒与否的要求。

（2）鹅头：去毛，去嘴角皮，水洗口腔，擦干。

（3）鹅脖：去毛，去斑痕和杂质，清除残留食管和气管，水洗，擦干。

（4）鹅翅：鹅翅不需要冲洗，取下来后只要用布擦干净即可。

（5）鹅爪：鹅爪取下来后，要将鹅掌上边的那层皮剥掉，然后用水洗干净就可以直接码入成品盒了。

（6）鹅舌：鹅舌是身体上最贵的一部分。只需要把上边的一段气管剪掉，然后冲洗干净即可。

（7）鹅胗（肫）：取下来之后，首先用刀从中间割开，将里边的食料掏出来，用水洗干净后，再用小刀将表层黄色的皮刮去，最后把上边的油剥下来，冲洗干净即可。但在开刀摘除内容物和角质膜时，应横着开口保持两个肌肉块的完整，提高利用价值，最好是单独包装出售。

（8）鹅肝：去胆，修整（即胆部位和结缔组织），擦干血水。一般将摘胆后的肝放入白条腹腔内，随白条速冻冷藏，也可单独出售。如不慎胆囊破裂，立即用水冲洗肥肝上的胆汁。鹅肝在包装前不需要用水冲洗，以防变颜色。只需要用干净的布将其擦干净即可。

（9）鹅心：要清洗干净，去掉心内余血。若单独出售应单独包装，速冻冷藏；若随半净膛白条出售，清洗后放入腹腔内，随白条速冻冷藏。

（10）鹅肠：去肛门，去脂肪和结缔组织，划肠，去内容物，去盲肠和胰脏，水洗，去伤斑和杂质，晾干。整理鹅肠应去掉肠油，并将内外冲洗干净，单独包装，速冻冷藏。鹅肠经加工处理后售价比鹅肉还高。

（11）鹅腰：鹅腰可单独出售。

（12）鹅内金：取出后晒干可药用。

（13）其他副产物：胆和胰脏冲洗干净单独包装，可供制药厂加工药用物质，其利润为鹅本身价值的几十倍，甚至上百倍。其他物可收集到一块，供饲料加工厂加工饲料用。

4.冷冻贮藏

（1）预冷：鹅产品的贮藏一般要经过预冷、冻结和冷藏三个过程。冷却设备一般采用冷风机降温，室内温度控制在0～4℃，相对湿度为80%～85%，经过几个小时的冷却，鹅产品内部的温度降至30℃左右时，则预冷阶段即可结束。

（2）冻结：分割好的鹅体，应当分类，用无毒的包装容器包装好，按要求进行大件外包装，急冻库温要控制在-25℃，在72小时以内，要使分割后的鹅肉中心温度降至-15℃，贮存的冷藏库应控制在-18℃左右，分割鹅的肉温要控制在-15℃以下。

（3）冷藏：冻结后的鹅产品，如果是需要较长期保存的，应当及时送入冷藏间保存，冷藏库和各种用具应经常保持清洁卫生。库内要求无污垢、无霉菌、无异味、无鼠害、无垃圾，以免污染冷冻的鹅产品。进入冷藏间的冻鹅产品，都应保持良好的质量，凡发现变质的、有异味的和没经过检验合格的鹅产品都不得放入，库内有包装的和没有包装的冻鹅产品应当分别堆放。要注意安全，合理安排，充分利用库房。同时，要求堆与堆之间，堆与冷排管之间，保持一定的距离，最底层要用木材垫起，堆放要整齐，便于盘查，有利于执行先进先出的原则，以保证鹅肉产品的质量。

进入冷藏间的冻鹅产品要掌握贮存安全期限，定期进行质量检查，发现有变质、酸败、脂肪黄变等现象，应及时迅速地加以处理，冻鹅的安全储存期，鹅肉在-6℃时可保藏2.5个月，-8℃时为3.5个月，-10℃时为4个月，-12℃时为5个月，-15℃时为7个月，-18℃时为10个月。另外，在保藏冻肉时，仓库内的空气要良好，要有一定风速的微风。相对湿度应为87%~92%，以防肉质干缩。胴体在出售前仍需要保存在零下8~12℃。

产品经过称重、包装，分级，冷藏，保鲜后就可以出厂了。

（四）鹅血加工

鹅血有多种用途，因其容易腐败变质，应按用途及时处理。如果是用于制药工业，屠宰后及时送制药厂加工。如果是用于饲料加工，应立即晾干或烘干供加工饲料之用。

1.鹅血的收集

贮存鹅血器容积的大小，根据屠宰鹅数量的多少进行准备，一般鹅血量约为活体重的4.5%。

2.鹅血粉饲料的加工

鹅血液中含有多种营养和生物活性物质，如蛋白质、氨基酸、各种酶类、维生素、激素、矿物质、糖类和脂类。鹅血液中营养物质不仅种类齐全，而且有些营养物质的含量很丰富，甚至超过进口鱼粉，如粗蛋白含量为84.7%，超过所有动物性蛋白质饲料，其中，赖氨酸、亮氨酸、缬氨酸含量很高，分别是进口鱼粉中同类氨基酸含量的1.79、2.65、2.79倍，含铁量为进口鱼粉的13倍。由此可见，血粉潜在的营养价值很高，具有很大的开发利用价值，下面介绍三种简单易行的方法。

（1）工艺流程：鲜血→拌入孔性载体→干燥→成品。

（2）操作要点

①吸附法：将1～2倍于血量的麸皮（米糠或饼粕粉）

与血混合，搅拌均匀后摊晒于水泥地上，勤翻动，一般经4～6小时可晒干，然后粉碎即可。用麸皮或米糠制成的血粉含粗蛋白30%～35%，用饼粕粉制成的血粉含粗蛋白45%～50%。载体血粉在猪日粮中使用量不宜超过5%，在鸡日粮中一般用3%左右。

②蒸煮法：可用大豆磨成粉做载体，加工方法基本同上，但在制作时要把血豆粉做成块状，蒸20分钟，待其凉后搓成细条晾干，再粉碎。血豆粉含粗蛋白47%左右。用血豆粉喂雏鸡用量不宜超过日粮3%，喂青年鸡可全部代替鱼粉，喂蛋鸡可部分或全部代替鱼粉。

③晒干法：把鲜血倒入锅内，加入相当于血量1%～1.5%的生石灰，煮熟使之形成松脆的团块，捞出团块切成5～6厘米的小块，摊放在水泥地上晒干至呈棕褐色，再用粉碎机粉碎成粉末状，即成血粉。如果在血粉中加入0.2%丙酸钙，并将装血粉用的口袋在2%丙酸钙水溶液中浸泡，晒干后再装血粉，可以起到较好的防霉作用。

第二节　出栏后的消毒

无论是"两段式"养殖的鹅舍，还是"一段式"养殖的鹅舍，鹅只出舍后必须及时移出鹅舍内料桶、饮水器等用具，喷雾后彻底清除鹅粪及各种垃圾，空出鹅舍并清扫鹅舍周围的环境，做到无鹅粪、无垃圾，以确保上一批商品鹅不对下一批商品鹅造成健康和生产性能上的影响，并保证足够的空舍时间。

1.清理鹅舍

所有可移动的设备和设施，如饮水器、料槽、料桶、供暖设备、各项工具等，应从鹅舍内移出，同时将鹅舍剩余药品回收入库后，进行熏蒸消毒。

拆走或防护好温控器、温度计、电压调节器、风机、电机、刮粪机电机、电灯泡、加药器、喷雾管喷头、配电盘等不宜或不能冲洗消毒的物品，由专人进行除尘维护保养、冲刷防护以及熏蒸消毒等，并放入指定的库房隔离保管。

2.鹅舍、设备灰尘、粪便的清理

所有的灰尘、碎屑和蜘蛛网必须从鹅舍内各处用扫帚扫掉。

清除鹅舍内所有的粪便、碎屑、料槽内的剩料等，移出到粪场并要防护好，以免污染场区；每清完一栋鹅舍都要安排人员铲刮养殖网上、鹅舍边角以及其他表面所积累的粪便，并将该栋残留的鹅粪认真清扫干净。

3.清洗鹅舍

必须首先断开鹅舍内所有电器设备的开关，浸泡残留在鹅舍和设备上的灰尘和碎屑，浸泡好后使用高压水枪冲刷，在冲刷过程中，应迅速把鹅舍内剩余的水排净。应特别注意鹅舍内屋梁的顶部、墙壁、粪池内外侧墙壁、粪池地面、板条、供暖设备、下水道及口、风机框、风机轴、风机扇叶、各种支架、水管、喷雾管的冲刷。

移到鹅舍外的部分设备也必须浸泡和冲刷，无法进行的可擦拭消毒，在设备冲刷干净后，设备尽可能在有遮盖物的条件下储存。

鹅舍外面也必须冲刷干净并注意进气口、暖风机房、工作间、饲料间、排水沟、水泥路面等部分的冲刷。

场区粪场的冲刷标准必须和鹅舍的一样。凡在场区的所有附属设施，如办公室、餐厅、伙房、宿舍、洗衣房、浴室、厕所、蛋库、料库、锅炉房、车棚、熏蒸间、熏蒸箱等，都要彻底冲刷干净，同时，还应将各个地方的地漏、沉淀池等清理干净。

鹅舍清理、冲刷的质量直接影响消毒质量，检查人员应仔细、全面的观察，不能放掉任一个细节、任何一个疑点。

4.检修工作

维修鹅舍设备、修补网床、检修电路和供热设备。设备至少能保证再养一批鹅，否则应予以更换，损坏的灯泡全部换好。

5.治理环境

清除舍外排水沟杂物；清除鹅舍四周杂草；做到排水畅通，不影响通风。修理道路和清扫厂区，做到无鹅粪、羽毛、垃圾。

6.鹅舍准备消毒

把设备和用具搬进鹅舍，关闭门窗和通风孔。要求做到封闭严密不漏风，并准备好消毒设备及药物。

7.鹅舍消毒

喷洒消毒，消毒后10小时后通风，通风后3～4小时后关闭门窗。鹅舍所有表面、顶棚、墙壁、网床选用高效、无腐蚀性的消毒药，按说明书比例配置后进行消毒。地面选用3%热火碱水喷洒或撒生石灰。

8.安装调试

安装并调试因冲洗需要而拆卸的设备和其他短时间使用

设备，如温控器、电压调节器、风机、电机、电灯泡、加药器、育雏伞等。仔细观察各种设备是否已完成维护、保养并进行彻底消毒，安装是否正确，同时数目是否准确等。

9.空间

该批鹅出栏至下批鹅进鹅间隔时间不少于14天。

第三节　做好记录工作

饲养记录主要用来分析鹅群生长发育状况，每批鹅出栏后都可以总结一下成功与不足。如果不做记录，有许多成功、失误不易及时发现，在后来的饲养中还会处于茫然不知状态。另外在鹅群出现异常时请兽医或技术员前来诊治，饲养记录可以提供鹅群耗料情况、死亡情况、用药状况，会得到更有效的治疗。

建立生产记录档案，包括进雏日期、进雏数量、雏鹅来源，饲养员；每日的生产记录包括日期、肉用鹅日龄、死亡数、死亡原因、存栏数、温度、湿度、免疫记录、消毒记录、用药记录、喂料量、鹅群健康状况，出售日期，数量和购买单位。记录应保存两年以上。

（1）每日记录实际存栏数、死淘数、耗料数，记录死淘鹅的症状和剖检所见。

（2）每日早晨6:00、下午14:00记录鹅舍的温度和湿度。

（3）记录每周末体重及饲料更换情况。

（4）认真填写消毒、免疫及用药情况。

（5）必须认真记录的特殊事故：

①控温失误造成的意外事故。

②鹅群的大批死亡或异常状况。

③误用药物、环境突变造成的事故等。

④记录表格：常见记录表格见表6-1、表6-2、表6-3。

表6-1 肉用鹅饲养记录

进雏时间： 数量： 购雏种鹅场：

周龄	日期	日龄	死淘（只）	温度（上/下午）	湿度（上/下午）	料号	日耗料	备注
小计								

注：每日上午6时，下午14时记录温度、湿度，每日记录死淘、实存、料号、日耗料情况。在备注栏中记录死淘鹅的症状表现和剖检情况。备注栏中记录每周最后一晚19时随机抽样2%的称重，饲料更换及其他特殊情况。

表6-2 免疫记录

日龄	日期	疫苗名称	生产厂家	批号、有效期限	免疫方法	剂量	备注

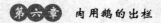

表6-3　用药记录

日龄	日期	药名	生产厂家	剂量	用途	用法	备注

注：必须按技术员指导用药，防止出现药残问题。

附录　无公害食品——家禽养殖生产管理规范

（NY/T5038—2006）

本标准代替NY/T5038—2001《无公害食品　肉鸡饲养管理准则》、NY/T5043—2001《无公害食品　蛋鸡饲养管理准则》、NY/T5261—2004《无公害食品　蛋鹅饲养管理技术规范》、NY/T5264—2004《无公害食品　肉用鹅饲养管理技术规范》、NY/T5267—2004《无公害食品　鹅饲养管理技术规范》。

本标准由中华人民共和国农业部提出并归口。

本标准起草单位：农业部农产品质量安全中心、中国农业科学院畜牧研究所。

本标准主要起草人：侯水生、丁保华、樊红平、廖超子、康萍、谢明、黄苇、刘继红、陈思。

1　范围

本标准规定了家禽无公害养殖生产环境要求、引种、人员、饲养管理、疫病防治、产品检疫、检测、运输及生产记录。

本标准适用于家禽无公害养殖生产的饲养管理。

2　规范性引用文件

下列文件中的条款通过本标准的引用而成为本标准的条款。凡是注日期的引用文件，其随后所有的修改单（不包括勘误的内容）或修订版均不适用于本标准，然而，鼓励根据本标准达成协议的各方研究是否可使用这些文件的最新版本。凡是不注日期的引用文件，其最新版本适用于本标准。

GB16548　畜禽病害肉尸及其产品无害化处理规程

GB16549　畜禽产地检疫规范

GB18596　畜禽养殖业污染物排放标准

NY/T388　畜禽场环境质量标准

NY5027　无公害食品畜禽饮用水水质

NY5039　无公害食品鲜禽蛋

NY5339　无公害食品畜禽饲养兽医防疫准则

NY5030　无公害食品畜禽饲养兽药使用准则

NY5032　无公害食品畜禽饲料和饲料添加剂使用准则

3　术语和定义

下列术语和定义适用于本标准

3.1　全进全出

同一家禽舍或同一家禽场的同一段时期内只饲养同一批次的家禽，同时进场、同时出场的管理制度。

3.2　净道

供家禽群体周转、人员进出、运送饲料的专用道路。

3.3　污道

粪便和病死、淘汰家禽出场的道路。

3.4　家禽场废弃物

主要包括家禽粪（尿）、垫料、病死家禽和孵化厂废弃物

（蛋壳、死胚）、过期兽药、残余疫苗和疫苗瓶等。

4 环境要求

4.1 环境质量

家禽场内环境质量应符合NY/T388的要求。

4.2 选址

4.2.1 家禽场选址宜在地势高燥、采光充足、排水良好、隔离条件好的区域。

4.2.2 家禽周围3千米内无大型化工厂、矿厂，距离其他畜牧场应至少1千米以外。

4.2.3 家禽场距离交通主干道、城市、村镇、居民点至少1千米以上。

4.2.4 禁止在生活饮用水水源保护区、风景名胜区、自然保护区的核心区及缓冲区、城市和城镇居民区、文教科研区、医疗区等人口集中地区，以及国家或地方法律、法规规定需特殊保护的其他区域内修建禽舍。

4.3 布局、工艺要求及设施

4.3.1 家禽场分为生活区、办公区和生产区。生活区和办公区与生产区分离，且有明确标识。生活区和办公区位于生产区的上风向。养殖区域应位于污水、粪便和病、死禽处理区域的上风向。同时，生产区内污道与净道分离，不相交叉。

4.3.2 家禽场应设有相应的消毒设施、更衣室、兽医室及有效的病禽、污水及废弃物无公害化处理设施、禽舍地面和墙壁应便于清洗和消毒，耐磨损，耐酸碱。墙面不易脱落，耐磨损，不含有毒有害物质。

4.3.3 禽舍应具备良好的排水、通风换气、防虫及防鸟设施及相应的清洗消毒设施和设备。

5 引种

5.1 雏禽应来源于具有种禽生产经营许可证的种禽场。

5.2 雏禽需经产地动物防疫检疫部门检疫合格，达到GB16549的要求。

5.3 同一栋家禽舍的所有家禽应来源于同一批次的家禽。

5.4 不得从禽病疫区引进雏禽。

5.5 运输工具运输前需进行清洗和消毒。

5.6 家禽场应有追溯程序，能追溯到家禽出生、孵化的家禽场。

6 人员

6.1 对新参加工作及临时参加工作的人员需进行上岗卫生安全培训。定期对全体职工进行各种卫生规范、操作规程的培训。

6.2 生产人员和生产相关管理人员至少每年进行一次健康检查，新参加工作和临时参加工作的人员，应经过身体检查取得健康合格证方可上岗，并建立职工健康档案。

6.3 进入生产区必须穿工作服、工作鞋，戴工作帽，工作服等必须定期清洗和消毒。每次家禽周转完毕，所有参加周转人员的工作服应进行清洗和消毒。

6.4 各禽舍专人专职管理，禁止各禽舍人员随意走动。

7 饲养管理

7.1 饲养方式

可采用地面平养、网上平养和笼养。地面平养应选择合适的垫料，垫料要求干燥、无霉变。

7.2 温度与湿度

雏禽1～2天时，舍内温度宜保持在32℃以上。随后，禽舍内的环境温度每周宜下降2～4℃，直至室温。禽舍内地面、垫料应保持干燥、清洁，相对湿度宜在40%～75%。

7.3 光照

7.3.1 肉用禽饲养期宜采用16～24小时光照，夜间弱光照明，光照强度为10～15勒克斯。

7.3.2 蛋用禽和种禽应依据不同生理阶段调节光照时间。1～3天雏禽舍内宜采用24小时光照。育雏和育成期的蛋用禽和种禽应根据日照长短制定恒定的光照时间，产蛋期的光照维持在14～17小时，禁止缩短光照时间。

7.3.3 禽舍内应备有应急灯。

7.4 饲养密度

家禽的饲养密度依据其品种、生理阶段和饲养方式的不同而有所差异，见表1。

表1 家禽饲养密度（只/平方米）

品种类型	饲养方式	育雏期 1～3周	生长期 4～8周	育成期 9周～5%产蛋率	产蛋期 产蛋率5%以上
快大型肉用禽品种	网上平养	≤20	≤6	≤5	≤4
	地面平养	≤15	≤4	≤4	≤3
	笼养	≤20	≤6	≤5	≤5
中小型肉用禽及蛋用禽品种	网上平养	≤25	≤12	≤8	≤8
	地面平养	≤20	≤8	≤6	≤5
	笼养	≤25	≤12	≤10	≤10

7.5 通风

在保证家禽对禽舍环境温度要求的同时，通风换气，使禽舍内空气质量符合NY/T388的要求。注意防止贼风和过堂风。

7.6 饮水

7.6.1 家禽的饮用水水质应符合NY5027的要求。

7.6.2 家禽采用自由饮水，每天清洗饮水设备，定期消毒。

7.7 饲料

家禽饲料品质应符合NY5032的要求。

7.8 灭鼠

经常灭鼠，注意不让鼠药污染饲料和饮水，残余鼠药应做无害化处理。

7.9 杀虫

定期采用高效低毒化学药物杀虫，防治昆虫传播疾病，避免杀虫剂喷洒到饮水、饲料、禽体和禽蛋中。

7.10 家禽场废弃物处理

7.10.1 家禽场产生的污水应进行无公害化处理，排放水应达到GB18596规定的要求。

7.10.2 使用垫料的饲养场，家禽出栏后一次性清理垫料。清出的垫料和粪便应在固定的地点进行堆肥处理，也可采取其他有效的无害化处理措施。

7.10.3 病死家禽的处理按GB16548执行。

8 疫病防治

8.1 防疫

坚持全进全出的饲养管理制度。同一养禽场不得同时饲养其他禽类。家禽防疫应符合NY5339的要求。

8.2 兽药

家禽使用的兽药应符合NY5030的要求。

9 产品检疫、检测

9.1 肉禽出售前4～8小时应停喂饲料，但保证自由饮水。并按GB16549的规定进行产地检疫。

9.2 出售的禽蛋质量应符合NY5039的要求。

10 运输

10.1 运输工具应利于家禽产品防护、消毒，并防止排泄物漏洒。运输前需进行清洗和消毒。

10.2 运输禽蛋车辆应使用封闭货车或集装箱，不得让禽蛋直接暴露在空气中运输。

11 生产记录

建立生产记录档案，包括引种记录、培训记录、饲养管理记录、饲料及饲料添加剂采购和使用记录、禽蛋生产记录、废弃物记录、消毒记录、外来人员参观登记记录、兽药使用记录、免疫记录、病死或淘汰禽的尸体处理记录、禽蛋检测记录、活禽检疫记录及可追溯记录等。所有记录应在家禽出售活清群后保存3年以上。

参考文献

1. 李昂. 实用养鹅大全. 北京：中国农业出版社，2003

2. 杨茂成. 肉用鹅快养60天. 北京：中国农业出版社，2008

3. 张帆，等. 肉用鹅生产技术指南. 北京：中国农业大学出版社，2003

4. 肖智远，林敏. 肉用鹅饲养关键技术. 广州：广东科技出版社，2004

5. 洪传贵，等. 肉用鹅快速饲养技术. 郑州：河南科学技术出版社，2002

6. 曹霄，等. 肉用仔鹅高产饲养新技术. 上海：上海科学技术出版社，1995

7. 周桃鸿. 鹅的高效养殖. 长沙：湖南科学技术出版社，2000

8. 陈耀王，等. 实用养鹅技术. 北京：中国农业出版社，1990

9. 王志跃. 养鹅生产大全. 南京：江苏科学技术出版社，2005

10. 何大乾，卢永红. 鹅高效生产技术手册. 上海：上海科学技术出版社，2005

11. 谢庄，等. 肉用鹅高效益养殖技术. 北京：金盾出版社，2006

内容简介

　　本书围绕在肉用鹅60天的饲养期内如何提高经济效益这一主题，系统地介绍了适于60天育肥的肉用鹅品种，肉用鹅场的选址与布局，肉用鹅的营养与饲料，肉用鹅60天出栏日常管理的重点等内容。全书理论联系实际，内容具体实用、语言简练且通俗易懂、易于操作，适合广大肉用鹅养殖户以及基层技术人员、农业院校师生参考阅读。